MARS

奔向太空科普丛书

探秘火星
TANMI HUOXING

肖 龙　严晨风　黄 俊
赵健楠　王 江　刘汉生　编著

中国地质大学出版社
ZHONGGUO DIZHI DAXUE CHUBANSHE

图书在版编目(CIP)数据

探秘火星/肖龙等编著. —武汉:中国地质大学出版社,2021.9
(奔向太空科普丛书)
ISBN 978-7-5625-5015-0

Ⅰ.①探…
Ⅱ.①肖…
Ⅲ.①火星–普及读物
Ⅳ.①P185.3-49

中国版本图书馆 CIP 数据核字(2021)第 070007 号

探秘火星	肖　龙　严晨风　黄　俊	编著
	赵健楠　王　江　刘汉生	

责任编辑:张　林	选题策划:毕克成　张瑞生	责任校对:徐蕾蕾

出版发行:中国地质大学出版社(武汉市洪山区鲁磨路388号)　　邮编:430074
电话:(027)67883511　　传真:(027)67883580　　E-mail:cbb@cug.edu.cn
经销:全国新华书店　　　　　　　　　　　　　　　http://cugp.cug.edu.cn

开本:787 毫米×960 毫米　1/16	字数:275 千字	印张:14
版次:2021 年 9 月第 1 版	印次:2021 年 9 月第 1 次印刷	
印刷:湖北金港彩印有限公司		
ISBN 978-7-5625-5015-0		定价:68.00 元

如有印装质量问题请与印刷厂联系调换

《奔向太空科普丛书》编委会

主　任：欧阳自远　田玉龙

副主任：张锦高　王焰新

编　委：(按姓氏笔画排序)

　　　　王　琪　毕克成　刘　珩　刘先国

　　　　杨力行　肖　龙　张　燩　张瑞生

　　　　胡圣虹　黄定华　曾佐勋　赖旭龙

策　划：毕克成　张瑞生

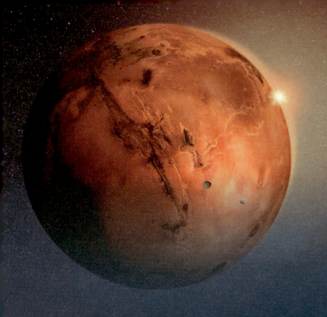

序

  浩瀚宇宙，灿烂星空，是人类共同的诗和远方。嫦娥奔月的神话故事寄托了中华民族数千年对月球的好奇和向往。诗人屈原的《天问》更是问出了中华儿女对浩瀚宇宙奥秘的苦苦思索。如今，我国的嫦娥探月工程已经圆满实现"绕、落、回"三步走的目标，成功从月球取回了样品，实现了九天揽月的梦想。

  显然，中华儿女的飞天之梦不仅仅是月球，还有更为遥远的天体，那里有很多未知需要我们去探索。太阳系的其他天体与地球几乎同时形成，但是它们现在的面貌却大相径庭。为何只有地球上出现了生命？火星上是否有生命？即使火星现今不具备生命生存的条件，火星是否曾经具备过形成生命的条件呢？如果人类真想走出地球这个摇篮，火星会成为我们新的家园吗？我们有没有能力将火星改造成适宜人类居住的星球？人类为解开这些谜团，已经从早期的遐想，到望远镜时代对火星表面的观察，发展到如今可以发射探测器对火星进行全面的科学探测的新阶段。作为火星探测俱乐部的新成员，中国的"天问一号"火星探测任务的成功实施，为人类火星探测注入了新的强大动力。

  如今，我国的"天问一号"火星探测器已经成功实现"环绕、着陆和巡视"火星的三大工程目标，在这个载入史册的时刻，《探秘火星》图书的出版，可谓适当其时，也是给"天问一号"工程的献礼。

  本书的作者肖龙教授和他的团队，这些年来一直和我们紧密合作，参与了嫦娥探月工程的一些基础研究、工程实践及科学数据的开发应用，是个专业水平很高的团队，他们能热心航天科普,在工作之余写下本书很值得称赞!我感到高兴的是近几年有越来越多的专家和团队关心航天科普并积极投入,我所知的已出版的有关月球和深空的科普书籍就有十余本(套),特别是为青少年而写的科普书很受欢迎,这是个好现象,值得大力提倡。

本书全面回顾了人类火星探测的历程,总结了火星探测的历史和取得的成果,清晰展示了火星表面各种奇妙的地貌、地质特征,特别是着重介绍了我国"天问一号"和"祝融号"的情况,并展望了未来对火星探测的期许。

我相信读者会喜欢这本书。期待更多的青少年读者心怀梦想,将来为中国的深空探测事业贡献力量,助力中华民族的伟大复兴。

中国科学院院士
人民科学家

火/星/序/曲

2020年7月23日12时41分,在中国文昌航天发射场,承担中国首次火星探测任务的探测器"天问一号"开启了火星探测之旅。伴随着长征五号遥四运载火箭巨大的轰鸣声,火箭携带"天问一号"火星探测器腾空而起,在蓝天白云的映照下,直奔深空而去。

此时在发射现场,以及通过电视、广播和网络收看、收听此次发射直播的观众、听众的心中,无不感到兴奋和紧张。当火箭发动机的轰鸣声渐渐消失在远方时,发射现场的每个人,双眼都噙满泪花。作为一直关注我国月球和火星探测的我们,激动的心情无以言表!大家都在默默祝福,祝愿"天问一号"的火星之旅一切顺利!

果然,"天问一号"不负众望。离开地球飞行了6个多月后,在中国航天史上留下多个历史性的时刻:

2021年2月10日"天问一号"成功进入火星轨道,成为中国第一颗人造火星卫星;

2021年5月15日"天问一号"成功实现火星软着陆,火星上首次留下中国印迹;

2021年5月22日"祝融号"火星车成功踏上火星表面,成为中国首个成功在火星表面行驶的火星车;

2021年8月15日"祝融号"火星车圆满完成既定三个火星月的巡视探测任务……

至此,"天问一号"的"环绕、着陆和巡视"三大工程目标均已实现,火星车率先完成既定的探测计划。中国成为了世界第一个首次火星探测就同时实现"绕、着、巡"这三大目标和第二个在火星部署火星车的国家;如果加上仍在月球背面奔波的"玉兔2号"月球车,中国也成为人类历史上首个同时在两颗地外星球上运行漫游车的国家。更为重要的是,经此一役,中国正式跨入了火星深空探测国家的行列,这是一个里程碑式的事件。

"天问一号"环绕器和火星车正在创造更多的新纪录,为我们揭开更多的火星秘密。我们相信广大亲爱的读者们,也一定为火星上的"中国制造"感到自豪和骄傲!

同时,与"天问一号"同期发射的火星探测器还有阿联酋的"希望号"和美国的"火星2020",而更多的火星探测计划,包括从火星上返回样品和载人登陆火星,也将会在不远的将来得以实现。

也许你会问,为什么这么多的国家都去探测火星?为什么埃隆·马斯克一直致力于载人登陆火星?对浩瀚宇宙和未知世界的探索,应该是人类文明进步和开展深空探索的原动力吧!

对于普通大众,这种好奇心可能来源于火星和我们居住的这颗星球——地球之间存在着太多的相似之处。例如,我们都知道地球上南北两极有雪白的冰盖,我们称其为"极冠",而在火星上也有明亮的白色极冠,随着四季变化其面积会扩大或缩小;火星上也会刮风,有漂浮在天空的云朵,有规律的日出日落,火星上的一天也差不多是24小时;火星表面有干涸的河流和湖泊;而从远处观察,火星上的暗色区域似乎还会出现季节性的变化,很像是植被繁盛和枯黄的转变……所有这一切都让我们想到了自己的家园,这样的熟悉感激起了地球上人类强烈的探索欲望。我们想要了解这颗星球,于是人类一代又一代坚持不懈地追求着、探索着、憧憬着、向往着。

回顾历史,火星,千百年来一直吸引着无数人的目光,在古希腊和古罗马神话中,它是战神,象征着战争、鲜血和杀戮,但我们对它的认知却非常有限。随着人类航天技术的进步,越来越多的探测任务将得以实现,这颗星球的面貌越来越清晰,越来越真实地展现在我们面前,也许在将来的某一天它会成为人类的第二家园。

前　言

　　火星是太阳系中四个类地行星之一，其表面形貌和环境与地球最为相似。这个神秘的天体曾经给人类带来了无尽的遐想，留下了很多神话传说。随着科学技术的进步，人类自20世纪60年代开始的一系列科学探测为解开火星之谜提供了证据。如今，为了探测火星是否存在过生命以及火星的宜居性，火星探测又掀起了新的高潮。本书分四个部分介绍了人类从远古时代对火星的向往及近半个世纪以来对火星的科学探测历程、探测成果、改造火星和未来的探测计划等。读者可以从中较为全面地了解到火星的真实面貌和探测历史，也可以提出更好的探测思路。

　　本书付梓之际，"祝融号"火星车正在火星的乌托邦平原上开展探测，"天问一号"环绕器也在对火星的全球进行探测，我们期待中国的首次火星探测任务能够揭开更多火星的秘密，为人类将来利用火星贡献中国智慧和中国力量。

　　本书的出版得到了国家自然科学基金重点项目（41830214）、民用航天预研项目（D20101）和中国地质大学出版社的联合资助。尤其令作者深受鼓舞的是，中国科学院院士、获得"人民科学家"国家荣誉称号的叶培建院士为本书作序，对编写团队既是鼓励，也是鞭策。

　　本书中的大量资料来自国内外各大专业网站，在此一并表示深切的谢意！

肖龙

2021年9月于武汉

第一章 向往篇

1.1 来自火星的那些传说 /2
1.2 流行文化中的火星元素 /13

第二章 探测篇

2.1 20世纪之前的遥望 /20
2.2 20世纪以来的航天探测 /37
2.3 中国的首次火星探测 /93

第三章 揭秘篇

3.1 火星的基本数据 /118
3.2 火星大气 /122
3.3 火星的形貌特征 /125
3.4 火星的内部构造 /172
3.5 火星的地质演化 /174
3.6 火星的卫星 /176

第四章 展望篇

4.1 未来探测计划 /182
4.2 火星采样返回 /190
4.3 载人火星探测 /191
4.4 移居火星之梦 /197

第一章
向往篇 1

1.1 来自火星的那些传说

1.1.1 荧惑守心

在科学技术不发达的古代,人们常常会将各种天象与人间的悲欢离合联系到一起,甚至认为某些天象事关人间大凶大吉,因此中国古代历朝历代都非常重视天象观测,一般都会设置观星台或者观象台,并设专门的观星官,希望以夜观天象来预测人间的兴衰祸福。火星是其中一个非常重要的观测目标,而"荧惑守心"正是与火星有关的一个传说。

火星以其特有的微红色光芒让人充满好奇和想象。在中国古代,火星被称为"荧惑"。这是一个体现着内心不安和疑虑的名字,人们思索着这颗与众不同的星背后所代表的含义。在星占学中,荧惑象征残、疾、丧、饥、兵等恶象。在古代星宿学说里,位于南天心宿中的几颗亮星(大致靠近天蝎等星座方向)(图1-1)因与北天紫微垣(大致

图 1-1 荧惑守心
(据徐刚和王燕平,2016)

靠近大熊等星座方向)中的北极五星构造相似,被认为分别对应太子、帝和庶子。人们将天体的运行与人间的祸福联系起来了,因此荧惑在心宿中运行方向的改变常被视作是"大人易政,主去其宫"的征兆,而其中"荧惑守心"则尤其被视为不吉利,乃大凶之兆。

例如，司马迁在《史记·秦始皇本纪》中有这样的记载：三十六年，荧惑守心。有坠星下东郡，至地为石，黔首或刻其石曰"始皇帝死而地分"。始皇闻之，遣御史逐问，莫服，尽取石旁居人诛之，因燔销其石。这段话的大意是：秦始皇三十六年，火星侵入心宿，发生了荧惑守心的现象。当时有颗陨星坠落在东郡，落地后变为石块，有老百姓在那块石头上刻了"始皇帝死而地分"几个字。始皇听说这件事之后，就派御史前去挨家挨户查问，结果没有人愿意出来认罪，于是他便下令将居住在陨星坠落地周围的居民全部杀光，并且焚毁了那块陨石。

可见在古人的眼中，"荧惑守心"是非常不祥的，往往会导致人间的灾祸。这种想法其实是人们常犯的一种错误：两个本来并不相关的事件，由于发生时间上的巧合，就容易被联系起来。同样，我们必须了解"荧惑守心"是相当罕见的天象，而在世界各地，灾祸每天都在不断地发生。因此，绝大部分的灾祸都并非发生在这种天象出现的年份。

那么，从天文学角度看，究竟什么是"荧惑守心"呢？

我们知道，火星是太阳系内的一颗行星，其运行轨道位于地球外侧，因此火星绕太阳转一圈花的时间要比地球更长，火星上的一年大约相当于地球上的687天。在正常情况下，从地球上看去，火星会沿着自西向东的方向在天空中运行，但每隔一段时间，火星就会发生逆行，开始自东向西运行，而在这个转换的过程中，有一段时间火星看上去似乎是不动的，我们称之为"留"。当火星的这种"留"发生时刚好在心宿[今天蝎座（图1-2）]附近，火星就和天蝎座中最亮的星（心宿二）距离很近，这就是"荧惑守心"。心宿二是一颗距离地球大约470光年，质量巨大的红超巨星，它的光芒同样是红色的，人们会看到两颗闪耀着血红色光芒的星挨在一起。

"荧惑守心"这种现象发生的概率并不高，学者刘次沅、吴立旻等对此进行过专门考证，他们用现代天文学方法计算了自公元前520年到公元1900年这2420年间"荧惑守心"天象发生的次数，共计30次，平均80年发生一次。而在此期间发生

探秘火星 向往篇

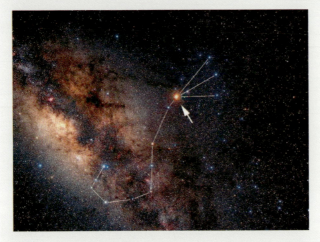

图 1-2 天蝎座（据 NASA）

在人间的灾祸又有多少呢？因此，如果对火星的运行规律有基本的了解，我们就能够非常自然地想明白"荧惑守心"这件事。接下来我们就谈一谈火星的基本运行规律，看一看火星为什么会顺行或逆行。

知识链接　　度量恒星的距离

科学家怎么知道一颗恒星距离我们有多远？方法有很多，这里先介绍一种最简单，也是最早被科学家们采用的方法：三角视差法（图 1-3）。

图 1-3　测量恒星距离的三角视差法示意图（据 NASA/LCOGT）

> 这个方法不难理解:请向前伸直手臂,然后竖起一根食指,闭上你的左眼观察,记住你食指的位置;然后睁开左眼,闭上右眼,再次观察食指的位置,你是不是发现食指相对远方背景的位置发生了移动? 其实这是你左右眼之间的距离变化,这种从相隔一定距离的两个点上观察同一个目标所产生的方向差异就是视差。
>
> 通过这种方式,我们可以画出简单的三角关系计算出远处物体的距离。但是,如果你所观测的物体比较远,这种视差效应就会比较不明显,而当你观测的目标是一颗遥远的恒星,那么这种视差根本就小到完全测量不出来了。怎么办?
>
> 方法很简单,要么提高测量精度,要么尽可能拉开两个观测点之间的距离。科学家们采用了第二种方法:我们知道地球围绕太阳公转,每隔 6 个月地球会公转到轨道的两端。如果我们在 6 月对恒星进行一次观测,记录它的位置,然后在 12 月再进行一次观测,这样一来,两次观测的位置相差就达到了将近 3 亿 km! 德国天文学家弗里德里希·巴塞尔(Friedrich Bessel)正是运用这一方法,在 1838 年首次测量了地球到一颗恒星(天鹅座 61)的距离。

1.1.2 火逆,真的能决定命运吗?

"水逆""火逆",你一定从朋友、同学们的交谈中听到过这类说法。他们会说:今年运势不佳,诸事不顺,考试成绩不理想,都是因为水逆或火逆! 遇到这种情况的时候你可以问问他们,什么是水逆,什么是火逆。我打赌在通常情况下,说这话的人自己都搞不清。

那么从天文学的角度怎么看这个现象呢? 我们来分析一下。

正如上文中提到的那样,火星的确存在逆行现象,而且不仅是火星,还有大家都比较熟悉的水星也存在逆行现象。事实上太阳系所有的行星甚至小行星、矮行星都存在逆行现象。

我们以火星为例进行说明,其他行星的情况以此类推。简单来说,火逆就是火星在星空背景上的运行轨迹出现了似乎是反向运行的现象。天生异象! 如此反常的现象，一定意味着什么不同寻常的事情将要发生！这个看似非常正常的、符合人之常情的想法，从本质上看，是人类缺乏科学知识的愚昧表现。在古代，这样的偏见屡见不鲜，一个非常典型的例子就是彗星（图1-4），直到现在还有很多人把彗星叫作"扫把星"。这不仅是形容它的外观，更多的时候人们会把"扫把星"这个词和厄运联系到一起，在古代就更是如此了。

回到火星逆行的话题。让我们来看一看火星逆行背后的科学原理。我们知道火星和地球都是

图1-4　海尔-波普彗星

围绕太阳公转的行星，地球轨道在内侧，火星轨道在外侧。地球围绕太阳公转一周的时间是一年，时长大约是365天；而火星上的一年，也就是火星围绕太阳转一周（360°）的时间则大约是地球的2倍，约687天。很明显，同样绕太阳转一周360°，地球的速度比较快，而火星比较慢。事实上，这是天文学上一个非常重要的规律：距离太阳越远的行星，公转的速度就越慢。太阳系内距离太阳最近的水星只需要88天就能围绕太阳公转一周，而最外侧的冥王星公转一周却需要248年！冥王星1930年才被美国天文学家克莱德·威廉·汤博（Clyde William Tombaugh）发现，到今天已经过去了将近一个世纪，但却还远没有跑完完整的一圈。更加悲惨的是，它连一圈都没跑完就在2006年被国际天文学联合会（IAU）取消了大行星的资格，降级为一颗矮行星（图1-5）。

知识链接　冥王星的降级

图 1-5　可怜的"小冥"

稍微年长一些的读者肯定都记得自己曾经在地理课上学过：太阳系有九大行星，甚至很多人还可以流利地背出"水金地火，木土天海，冥王星"这类口诀。但是年纪稍小一些的读者在学校学的可能已经不一样了：太阳系只有 8 颗行星了。个中原因还要从 2006 年国际天文学联合会在捷克首都布拉格召开的会议说起。

在这次会议上，世界各地的天文学家们就行星的定义达成了一项共识，大体需要满足三项条件才能被归为行星：①围绕恒星运行（即围绕恒星公转）。②有足够大的质量来克服固体应力，以达到流体静力平衡的外形（即必须是球形或近球形）。③已清空其轨道附近区域（即必须是该区域最大的天体）。而冥王星位于太阳系边缘的柯伊伯带，那里已经发现了许多与冥王星差不多大小甚至比冥王星还要大的天体，冥王星显然不符合第三项条件，因此被判定不属于"行星"，而被归入了"矮行星"的行列。

言归正传，这种转动速度的差异对于火逆又有什么影响呢？如图1-6所示，我们可以清楚地看到火星逆行发生的过程。地球和火星就像两辆在椭圆赛道上比赛的赛车，地球走内圈，速度比火星快。火星走外圈，速度还比地球慢。所以，火星跑完一圈的时间（约687天）地球差不多可以跑两圈（约365天）。

大约每隔26个月，地球就会从后面"超车"，赶上"慢吞吞"的火星，这时候你会觉得火星好像越走越慢，过一会甚至觉得火星开始倒退了！如果你有过超车的经验，就一定能够想象：当你驾车行驶时，原本前方的车辆也在向前行进，但当你加快车速时，你会觉得前方的车辆似乎减速了，而当你的车最终超过它时，你会发现那辆车退到你后面去了，可实际上前车并没有后退，它也在努力前进，只不过是你的车速较快而已！

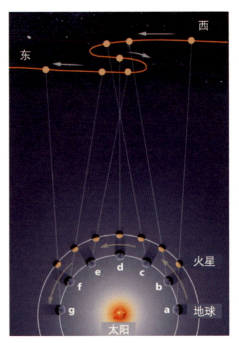

图1-6 火星逆行的原理示意图（从地球上观察）

（据NASA）

而当我们继续沿着椭圆轨道快速运行时，到了一定的角度，我们对火星运动的视角又会恢复到正常状态，此时火星便结束逆行，又恢复顺行了。这就是火星逆行的本质。

因此，简单地说，由于地球跑得比较快，从地球上观察火星时，你自然而然会观察到火星由顺行（自西向东）到停留，并逐渐转为逆行（自东向西），再次停留，随后恢复顺行（自西向东）的过程。如果你拍摄下在此期间火星在夜空中的位置，就会看到图1-7所示的画面，非常有趣。而当火星逆行恰好发生在天蝎座方向时，也就出现了古人所谓的"荧惑守心"现象。

那么多久会发生一次火星逆行呢？很简单，我们刚刚知道了火星发生逆行是因

图 1-7　夜空中的火星逆行现象（据 NASA）

为它被地球"超车"了,那么上文中也提到,地球大约每 26 个月赶超火星一次,也就是说,大约每两年就会出现一次火星逆行的现象。例如 2014 年和 2016 年都出现了火星逆行,2014 年那次逆行发生在室女座,而 2016 年那次就发生在天蝎座,也就是前文提到的"荧惑守心"。

看到这里,你就知道无论是火星或其他任何行星出现逆行现象,都是非常自然的现象。将这种自然现象与人间灾祸联系起来的做法是完全没有科学依据的。

此外,火星与地球的这一相对运动规律,也决定了人类火星探测的最佳时间。在深空探测中,我们将其称为"发射窗口",这样就不难理解为什么人类的火星探测活动都是差不多每两年一次了。错过了"发射窗口"期,探测器将要走更远的路,消耗更多的能源,历经更长的时间。

1.1.3 火星人脸的传说

1976年,火星突然一下子成了新闻媒体上的头条,之所以如此,是因为美国宇航局正在火星轨道上运行的"海盗1号"*飞船发回的一张照片。当时海盗1号飞船正在为它的姊妹飞船"海盗2号"的着陆器选择可能的着陆地点,而在这过程中需要拍摄大量的火星地表图像,其中就有一张图像看上去非常像一张人脸。当然这是一张巨大的"人脸"(图1-8),从前额到下巴超过3km。这张仰面朝天的"人脸"位于火星北半球塞多尼亚地区(Cydonia)。

图1-8 海盗1号飞船拍摄的所谓"火星人脸"

(据NASA)

可以想象,当这样一幅画面传回地球,显示在美国宇航局喷气推进实验室(JPL)的任务控制大屏幕上时,在场的许多科学家都感到非常意外。但这也只是一瞬间的感觉,他们很快就恢复了平静。他们很清楚这是火星上的一座孤山,这在火星塞多尼亚地区是非常普遍的,只是由于光影的巧合而使其看上去似乎有那么一点像人脸而已。

按照科学界的惯例,几天之后美国宇航局对外公开发布了这张照片。当时宇航局给照片配的图注是"……一个巨大的岩体构造……有些像人的脸部,这是由特殊的光影效果所导致的视错觉,让人看上去似乎有眼睛、鼻子和嘴巴"。宇航局的科学家认为这样的描述兼顾了科学性和趣味性,有利于帮助普通民众更好地了解相关的科学内容,并吸引大家关注火星探测项目。

---

* 关于探测器、卫星、飞船等编号的名称,本书在其首次出现时加引号,例如:"火星1A号""水手3号""海盗1号"等。之后出现时,如果没有特殊含义,均不加引号。一般情况下,对各国探测计划也作类似处理。

的确，人们真的开始关注火星了！只是后来事情的发展和宇航局科学家们的美好设想不太一样。

媒体很快找到了吸引眼球的点——"火星上的人脸"（Face on Mars）很快成为各大媒体头条，报纸、电视、杂志还有广播，通通都在报道这一事件。有些人认为这是证明火星上存在生命的确凿证据，并且一口咬定美国宇航局一定早就知道了这一点，只是他们对此守口如瓶，这背后有着欺骗美国民众和全世界民众的惊天大阴谋！同时，一部分希望能够为美国宇航局争取更多科研经费的科学家，内心也非常希望这真的是某个火星古代文明留下的建筑遗迹，如果真是那样，将会极大地促进美国增加航天研究的预算。

尽管绝大部分科学家都知道这个所谓的"人脸"只不过是特定光影角度下的巧合之作，但是面对舆论压力，美国宇航局仍然将对塞多尼亚地区的所谓"人脸"进行高清拍摄作为1997年9月抵达火星轨道的"火星全球勘测者"号（MGS）飞船的优先任务。到这时，距离海盗号飞船拍摄"人脸"照片已经过去了整整21年了。

科学家们在MGS飞船完成相关入轨调整之后便立即指令它对"火星人脸"进行高清观测。1998年4月5日，当MGS飞船第一次飞过塞多尼亚地区上空时，MGS飞船携带的"火星轨道相机"（MOC）立即进行了拍摄。结果显示这就是一座普通的孤山而已，所谓的"人脸"并不存在。

然而并非所有人都被说服了。怀疑论者指出，"火星人脸"位于火星北纬40°附近，属于中高纬度，而MGS飞船于1998年4月拍摄图像时，正值火星北半球冬季，这一地区上空光照很不好，而且有很多雾气和薄云。因此，他们猜想一些火星人留下的人工痕迹可能还没有被发现。

既然这样，那我们再来一次吧！就按照你们说的！2001年4月8日，此时是火星北半球的盛夏时节，"火星人脸"所在的纬度光照良好，而且这一天该地区晴空万里。MGS飞船使用高分辨率相机，再次对"火星人脸"区域进行拍摄。这次的拍摄空间分辨率是1.56m，而1976年海盗号拍摄的"火星人脸"照片，其空间分辨率是43m。

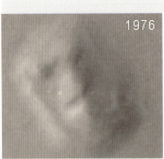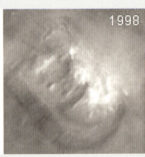

图 1-9　随着轨道成像技术不断进步,"火星人脸"逐渐显露真容[(据 NASA/欧洲空间局(ESA)]

历经 3 次拍摄,"火星人脸"逐渐显露真容(图 1-9)。图像结果显示,这是一座孤零零的山丘,类似在美国西部荒原上很常见的那种平顶山,其形成往往与火山岩浆活动有关,在塞多尼亚地区有很多这样的孤山。

为了更彻底地堵住怀疑论者的嘴,美国宇航局的科学家们这次还调用了 MGS 飞船搭载的激光高度计(MOLA)以便获取精确的高度数据,用于绘制"火星人脸"的三维立体模型。MOLA 的测量精度在垂直方向上可以达到 20~30cm。最终科学家们构建了"火星人脸"的立体地形图(图 1-10),它的优点在于你可以从任何角度去仔细观察它,就像你站在火星上,站在这座山的山脚下一样。结果,这就是一座普普通通,没有任何特别的小山包。

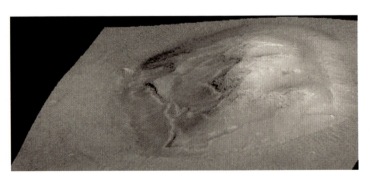

图 1-10　"火星人脸"区域数字三维地形图(据 NASA)

1.2 流行文化中的火星元素

1.2.1 文学作品中的火星

最著名,可能也是最早涉及火星的科幻题材文学作品应该是英国作家赫伯特·乔治·韦尔斯(Herbert George Wells)在1898年出版的科幻小说《世界大战》(*The War of the Worlds*)(图1-11),这应该也是世界上最早的有关外星生命入侵地球的小说,可以说是该类型小说的鼻祖。

这部作品的开篇已经成为载入史册的经典:"……当人们忙忙碌碌生活时,他们受到了观察和研究,其仔细程度堪与人类用显微镜观察水中拥挤、繁殖、朝生暮死的微生物相比。人类在这个世界上来来往往,忙于蝇头小利,沾沾自喜,对自己的帝国高枕无忧,心安理得……有发达而又冷酷的智慧生命,它们正在虎视眈眈地觊觎着我们的地球,在悠缓而又稳健地策划侵略我们的阴谋。"在这部作品中,韦尔斯设想了一个来自火星的高级技术文明入侵,并试图征服地球的故事。在他的刻画中,火星人的形象就像是巨大的章鱼,他们能够使用发射激光的武器,瞬间把人体气化。这群驾驶着先进飞船的火星人到处杀戮,

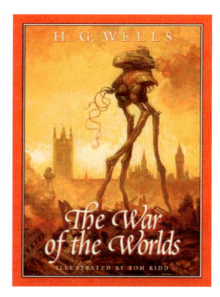

图1-11 经典科幻小说《世界大战》的封面(据维基百科)

英国变成了一片残垣断壁。但是最后,这些看似不可战胜的火星人却纷纷倒下了,因为火星人对地球上的细菌不具有免疫力,被这些细菌杀死,人类才幸免于难。

整个故事的可读性非常强。作品对于人们心理的描述,以及整个故事逻辑上的自洽性都很不错,算得上是经典之作。

当然这部小说后来还有新的发展:1938年,另一个韦尔斯(Orson Welles)出场了。这位同样叫韦尔斯的美国人是一位演员和播音员,类似现在的电台DJ。他改编了《世界大战》的小说,把故事发生的地点从英国改到了美国。为了使效果更逼真,他还将该节目设计成以新闻报道的方式进行。我们可以想象一下:"现在播报突发新闻!各位听众朋友们,刚才在新泽西州有居民报告看到了不明飞船降落!当地警方已经赶往现场进行调查!我们稍后将带来更多相关报道!"并且在播报这些消息时,韦尔斯的口吻非常严肃,中间也不插播任何商业广告。好了,如果你是当时的一位听众,你会是什么感觉?

没错,韦尔斯闯了祸。他的广播让很多听众信以为真,在美国各地引发了恐慌,人们以为真的发生了火星人入侵,纷纷离家逃难。事后韦尔斯不得不出面向公众道歉,当时的各大媒体也都做了报道(图1-12)。

2005年,美国著名导演史蒂文·斯皮尔伯格(Steven Spielberg)又将这个故事搬上了荧幕,拍成了经典的科幻片《世界之战》,由著名好莱坞影星汤姆·克鲁斯(Tom Cruise)主演。在这部影片中,火星人入侵的时间改到了现代,拉近了与观众的时空距离,并将原本只能依靠想象的情节通过画面得以完美呈现,获得了很高的评价。

另外一部在西方非常著名的火星题材科

图1-12 当时报道相关情况的报纸封面
[据Library of Congcess(美国国会图书馆)]

幻文学作品是《火星公主》(*A Princess of Mars*)，有中文译本发售。这部作品的作者是美国作家埃德加·莱斯·巴罗斯（Edgar Rice Burroughs）。《火星公主》的第一版于1917年出版（图1-13），直到今天仍然作为儿童读物在继续销售。总体来说，中国读者对这部作品的了解程度较低，但是很多上了年纪的欧美天文学家小时候都是由这套书开始对火星乃至天文产生兴趣的，它的影响很大。

这本科幻小说一般也被认为是当今类似于《星球大战》《星际迷航》等这类涉及其他行星的探险科幻题材作品的开篇之作。简单说有点像将大家熟悉的英雄主义代入到太空背景中产生的混合体。

除此之外，美国作家金·斯坦利·罗宾逊（Kim Stanley Robinson）在1993年到1996年间出版的《火星三部曲》也相当有名。整个系列包括《红火星》(1993)（图1-14）、《绿火星》(1994)以及《蓝火星》(1996) 3本书。这套书讲述了2026年人类乘坐"阿瑞斯号"飞船抵达火星，成为第一批火星移民的故事。故事中设想了人类在火星上的生活场景、思想冲突与人际关系的改变，以及最终改造火星的整个壮阔历程。这套书也已经有中文译本出版发行。

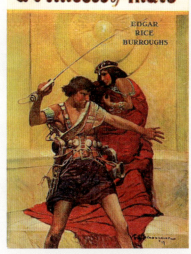

图1-13 《火星公主》的封面

（据 amazon.com）

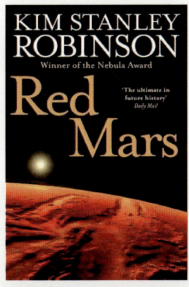

图1-14 《红火星》的封面

（据 amazon.com）

1.2.2 火星题材电影

提到火星题材的电影，除了上文中讲到的《世界之战》外，读者最熟悉的应该是2015年上映，由马特·戴蒙（Matt Damon）主演的好莱坞科幻大片《火星救援》（The Martian）（图1-15）。由于这部影片是以近几年的科学发展为基础构思的，基本可以被归入硬科幻的行列，其情节设计大体上符合科学技术背景和原理。与其说是一部科幻片，不如说它是一部"预言片"更加妥当。这当然不是说未来人类的宇航员也会在火星上遭遇一样的磨难，而是说，人类宇航员飞往火星，并像电影中所表现的那样尝试在火星上建立居住基地的情节，应该会在未来10~30年内发生。根据美国宇航局的规划，该机构在2030年左右发射载人飞船飞往火星，但是不登陆，只是围绕火星轨道飞行；随后计划到2040年左右，实施首次载人登陆火星的任务。而像SpaceX这样的私营航天企业则要激进得多，他们已经对外宣称计划在2024年将人类送上火星，并将着手后续的火星城市建设计划。

图1-15 《火星救援》电影海报

(据豆瓣网)

《火星救援》这部影片讲述了未来美国宇航员抵达火星之后，由于意外遭受强烈火星风暴的袭击，一名宇航员滞留火星，随后中美两国联手开展星际救援的感人故事。在整部影片中，呈现了包括利用火星本地资源开展农业生产研究，以及地球借力轨道飞行等与当今航天领域研究密切相关的话题。马特·戴蒙饰演的主人公还通过发掘出1997年登陆火星的"火星探路者"漫游车，实现了与地球上同事们的联络，从而为救援行动的展开创造了条件。这种现实与未来结合的拍摄手法很容易让熟悉火星探测历史的观众有代入感，非常精彩。

另外，影片呈现的火星风暴现象令人震撼。这是火星上一种非常常见、典型的自然现象。20世纪70年代美国"水手9号"飞船抵达火星时，整个火星便被全球性的沙尘暴笼罩，完全无法辨别地表。而影片开头时展现的火星景观也非常真实，这片区域分布着大片的孤山与前文中提到的海盗1号飞船拍摄到的"火星人脸"的那座山类似。

而在历史上，最早涉及火星题材的电影应该要数1910年拍摄的美国科幻电影《火星之旅》(*A Trip to Mars*)。这部影片的情节反映出当时人类对于火星基本认识的匮乏。影片讲述了一位天赋异禀的化学教授无意间发现了两种神奇的物质，当两者混合时，就能产生反重力。就在他即将向公众宣布自己的发现时，手里的这些神奇物质却不小心掉到了自己身上，于是他一下子飘出窗外，飞到了火星上。影片里描述的火星是一个充满各种怪异生物的星球，因为当时的人们普遍认为火星上存在着运河，以及高级智慧生命。

然而，随着航天时代的开启，尤其是美国在20世纪60年代开始执行的以"水手"系列探测任务和"海盗"系列探测器为代表的火星考察项目，科学家们已经非常清楚地证明了，今天的火星是一个总体来说寒冷干燥而荒芜的死亡星球。自那之后，科幻电影中涉及火星的描述也同步反映出人们对这颗星球的认识发生了变化，关于火星的话题逐渐转向人类试图探索这颗荒凉的星球并最终殖民火星。其中比较有代表性的有1990年拍摄，由阿诺德·施瓦辛格（Arnold Schwarzenegger）主演的影片《全面回忆》(*Total Recall*)以及2000年拍摄的《红色星球》(*Red Planet*)。

因此，我们会发现无论是电影还是文学作品，都会不自觉地打上属于那个时代的深深烙印。从与火星有关的电影与文学作品中，我们能大致感受到人类对这颗神秘星球的认识在不断深入和进步。今天，从火星主题的T恤到一度流行的"火星文"，再到风靡一时的情感类图书《男人来自火星，女人来自金星》，火星早已从过去那个神秘而远在天边的星球，慢慢地成为了我们日常流行文化与生活话题的一部分。

第二章
探测篇 2

2.1 20世纪之前的遥望

2.1.1 18世纪之前:基于裸眼的观察

1. 流浪者

当在荒原上行走时,我们的祖先们一定注意到了,在漫天繁星中有一些星星尽管东升西落,彼此的相对位置却不发生变化,还能组成星座方便记忆;有一些星星的位置相比其他星星会发生明显的变化。他们将这些星星称为"流浪者"(wanderers),这也就是"行星"两字的本意——会"行走"的星星。相对而言,那些看上去似乎固定不动的星星当然就成了"恒星"——"恒定不动"的星星(fixed star)。当然我们现在知道恒星也是处于不断运动之中的,只是因为距离太过遥远,在我们短暂的一生中难以察觉而已。

火星是一个"流浪者",并且距离地球较近,因此它在夜空中的运动比较明显,我们的祖先清楚地注意到火星的顺行、逆行和留的现象;而那些更加遥远的行星,如土星、木星等,它们在夜空中的运动速度就要慢得多,因此很难被察觉。与此同时,火星虽然非常遥远,但由于轨道相互关系,火星和地球之间的距离会不断变化,因此,即便在火星离地球最近的时候,它到地球的距离也是地月距离的140倍以上。

2. 你的名字——火星!

不同于绝大部分行星洁白或偏黄的颜色,火星闪耀着特别的红色,让人联想到鲜血、战争、死亡和危险。因此在古代的西方神话中,火星以传说中的战争、毁灭和死亡之神的名字命名。

在古巴比伦文明中,人们将火星称作涅伽尔(Nergal)(图2-1)。在他们的神话中，这是一个住在沙漠之中，半人半狮形象的神，他所代表的正是火焰、战争与毁灭。

而在另一个西方文明的发源地古希腊，人们将火星称作阿瑞斯（Ares）（图2-2）。阿瑞斯是古希腊神话中的战争之神，是奥林匹斯十二主神之一，象征着战争和秩序。他是众神之王宙斯和婚姻女神赫拉的儿子。

而当这个名字被翻译为拉丁文时，阿瑞斯就成了 Martis，再后来逐渐演变为现在英语中的 Mars（马尔斯）。这个名字其实延续了西方人喜欢用神灵的名字为天体命名的习惯，马尔斯是罗马神话中代表战争和勇士的神的名字。

中国古代的天象观测历史非常悠久。由于火星荧荧似火，亮度和位置又时常变化，人们将它称作"荧惑"——一个颇具诗意，但又充满着不安的名字。而到了西汉时期，中国的天文学家开始以"火星"称呼这颗星球，在史书中开始出现以"火"对其进行称呼的记录。除了火星之外，同时将当时已知的另外4颗行星分别以"水""金""木""土"命名——很显然，

图2-1 涅伽尔

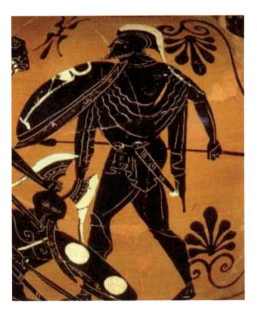

图2-2 战神阿瑞斯——火星的象征

这种命名方式与春秋战国以来的"阴阳五行"说有关。五行配五色，木为青，火为赤，土为黄，金为白，水为黑（图2-3）。八大行星中古人肉眼可见的只有5颗，最亮的"太白星"被称为金星，最暗的被称为水星，红色的是火星，另两颗分别是木星和土星，这种命名方式一直沿用至今。

不管是从代表西方文明的古希腊、古罗马，还是代表东方文明的古代中国，都留下了大量有关火星的观测记录。然而这颗星球毕竟太过遥远，我们对于它的本质仍然一无所知。对很多人来说，火星就是天边的一个小小亮点，遥不可及。

图2-3　中国古代的"金木水火土"
"五行"思想
（据维基百科）

3. 历史记录中的火星

世界上最早有关火星运动的文字记录可以追溯到古代埃及。从留存下来的古埃及文字记录资料来看，当时的古埃及人已经留意到了火星的逆行或顺行的现象。在埃及境内的大约15个陵墓的顶部发现了一些用动物或人的形象表现的星空图案，其中有一部分也将火星绘制在内。

古巴比伦人也对火星进行了大量系统性的观测，记录了火星在不同时间的位置和运动情况。但他们这样做是为了占星，而不是进行天文研究。巴比伦人还使用较为先进的方法记录火星和其他天体的升落时间，经过长年累月的观察后他们逐渐总结出一些规律，这使得他们能够比较好地预测火星以及其他行星在天空中出现的位置。

公元5世纪的印度天文古籍（图2-4）中指出，火星的视张角大约是2角分，距离地球大约1 296 600瑜伽那（yojana）。瑜伽那是古代印度的长度单位，1瑜伽那大致相当于8km，因此折算后火星距地球约10 433 000km。

而知道了距离和视张角，只需要简单的几何知识，就可以计算火星的直径。计

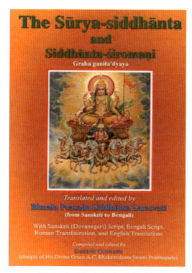

图 2-4　印度天文古籍封面
（据维基百科）

算结果大致是 754.4 瑜伽那，大约折合 6 070km。这一结果的准确性令人惊讶，因为根据现代天文学的测量数据，火星直径大约是 6 790km。当然，这基本上完全是凭借运气，因为他们给出的火星视张角数据和距离数据的误差都很大。

即便是在火星最接近地球的时候，它的视张角也不过 25 角秒（约 0.4 角分），这对于肉眼来说是根本不可能区分出来的，更不要说分辨任何火星地表的特征了。因此，除非等到天文望远镜出现，否则人类对于火星的认识难以取得更大的进展。

2.1.2　望远镜时代的观测

1. 17 世纪：使用望远镜观测火星

改变来自天文望远镜的出现。1610 年 9 月的一个夜晚，意大利科学家伽利略（Galileo Galilei，1564—1642）（图 2-5）第一次将望远镜指向火星。伽利略是世界上第一个使用望远镜开展天文观测的科学家，他观察到银河似乎是由许许多多恒星组成的，土星似乎"长着耳朵"（事实上是土星光环），他还发现了木星的 4 颗最大的卫星，即木卫一到木卫四。时至今日，这几颗卫星仍然被称作"伽利略卫星"。而他对金星明暗情况的观测结果，对已经延续千年、被罗马教廷奉为圭臬的托勒密地心

图 2-5　伽利略
（据维基百科）

说提出了挑战。但当他将望远镜指向火星时，却几乎不能分辨出任何火星的地表细节信息，毕竟他当时使用的望远镜还非常简陋。

1656 年，荷兰数学家、天文学家克里斯蒂安·惠更斯（Christian Huygens，1629—1695）（图 2-6）使用他自己的望远镜对火星进行观测，结果同样让他感到非常失望：在望远镜的视野中，这颗红色星球的地表一片模糊，根本没有办法分辨出任何有价值的细节或地表特征。很显然惠更斯对此感到极其失望和沮丧，以至于他在接下来的 3 年时间里都没有再对火星进行观察。一直到 1659 年的 11 月 28 日晚上，时隔 3

图 2-6　惠更斯
（据维基百科）

年，惠更斯再次将望远镜指向火星，这一次，他取得了一些收获：透过望远镜的镜筒，他观察到火星表面有一个模糊却明显的暗色区域，并且这个暗色区域会随着时间推移逐渐改变位置，他很快意识到这是火星存在自转导致的结果。惠更斯拿出纸笔，将自己所看到的情况作了细致的描绘，这也是人类历史上第一次描绘火星表面的特征，或许也可以认为是人类历史上最早的"火星地图"（图 2-7），尽管它几乎不能提供任何有用的信息。

图 2-7　惠更斯绘制的"火星地图"（据 Christian Huygens/ESA）

但就是基于这些看似粗糙的手绘稿，经过一段时间的观察思考之后，惠更斯得到了一项有关于火星的重要观测成果：他意识到火星不但存在自转现象，并且自转周期和地球相似，也是大约 24 小时。这个数据放在今天也是基本准确的。

1695 年，惠更斯去世之前不久，他将自己的发现写成专著《宇宙理论：关于其他行星上的居民的猜想》，该书于其去世后的 1698 年正式出版（图 2–8）。在这本著作中，惠更斯提出了一些即便在现在看来也非常大胆的想法。他提出，在其他行星上，当然其中也包括火星上，或许同样存在着生命，惠更斯设想他们或许是与地球上类似的那种生命体。他还认识到水对于生命是至关重要的，他认为自己观测到的火星上不规则的暗色区域很有可能是由水体造成的。

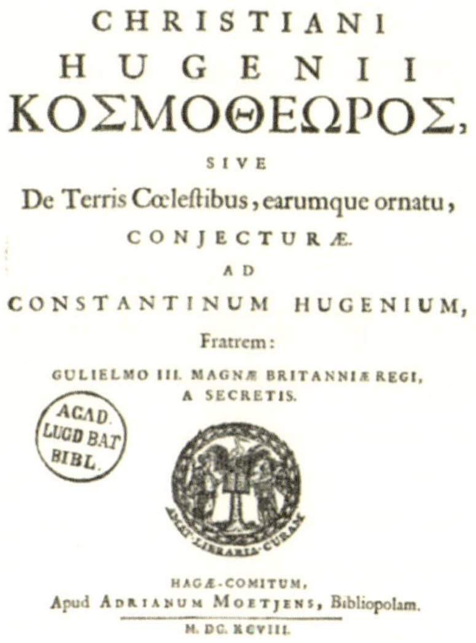
CHRISTIANI
HUGENII
ΚΟΣΜΟΘΕΩΡΟΣ,
SIVE
De Terris Cœlestibus, earumque ornatu,
CONJECTURÆ.
AD
CONSTANTINUM HUGENIUM,
Fratrem:
GULIELMO III. MAGNÆ BRITANNIÆ REGI,
A SECRETIS.
ACAD. LUGD BAT BIBL.
HAGÆ-COMITUM,
Apud ADRIANUM MOETJENS, Bibliopolam.
M. DC. XCVIII.

图 2–8　惠更斯的专著
《宇宙理论：关于其他行星上的居民的猜想》
（据 Gent R H V）

当然，在惠更斯之前，类似的想法也早已存在。例如因为支持伽利略和哥白尼的日心学说而被罗马教廷活活烧死的意大利文艺复兴时期科学家布鲁诺就曾经大胆猜想，除了地球之外，在宇宙中一定还有其他千千万万个与地球相似的世界，而在那些世界上同样存在着生命，甚至是智慧生命。这些早期欧洲的科学家们，敢于思考，敢于想象，不被旧思想束缚的精神非常值得今天的年轻人学习。

1666年的春天,法国数学家、天文学家乔瓦尼·卡西尼(Giovanni Cassini,1625—1712)在位于意大利博洛尼亚的潘扎诺天文台对火星进行了观测。卡西尼在观测中同样非常细心地用手绘形式记录下了自己的所见(图2-9)。由于观测设备较为先进,卡西尼绘制的火星图比惠更斯的更加清晰详细,他是第一个描绘火星表面存在白色明亮区域的人。这些明亮区域应该就是火星的极冠。他猜想火星上可能存在四季变化。另外,卡西尼同样对火星的自转周期进行了测算,得到的结果大约是24小时40分钟,相比惠更斯的结论,其精度有了很大的提升。

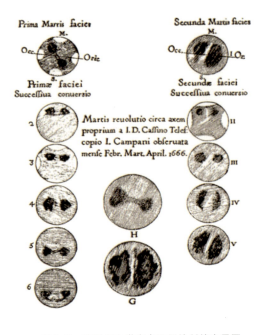

图2-9 法国天文学家卡西尼绘制的火星图
(据 University of California, Irvine)

随着望远镜制造技术的不断提高,望远镜的口径越做越大,分辨率越来越高,对于火星的观测效果当然也就越来越好了。

2. 18世纪:最早的火星系统性观测

从1777年开始,天王星的发现者,英国著名天文学家威廉·赫舍尔(William Herschel,1738—1822)开始进行系统性的火星观测。1781年,赫舍尔发布其测算的火星自转周期数据为24小时39分21秒,这是非常精准的数据。另外,赫舍尔还测出火星的黄赤交角数值为28.5°,这一数据的现代测量值为25.19°。他还在记录本上这样描述他心目中的火星:这颗星球拥有尽管不是非常浓密但仍然相当可观的大气层,因此那里的居民很有可能生活在与我们比较相似的环境中。

尤其难能可贵的是,赫舍尔的观测极有计划性和连续性,比如他对火星南北两极的极冠连续进行了长达数年的观察,结果发现火星极冠会随时间发生大小的变化,而且火星表面的一些模糊的暗色条纹也会出现类似的变化(图 2-10)。通过这些观测,赫舍尔证明了卡西尼此前的猜测是正确的,火星上可能的确存在着季节性变化。在赫舍尔出版的一本专著中,他指出:"在整个太阳系中,火星或许是与地球拥有最多相似之处的星球。"这种认识非常难得,赫舍尔可能是世界上第一个明确表达出这种想法的人。

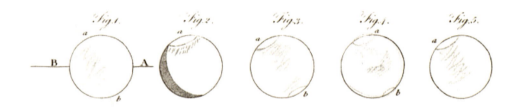

图 2-10　赫舍尔手绘的火星观测图,可以看到火星的倾角和极冠

(据 University of California, Irvine)

约翰·施勒特(Johann Schroeter,1745—1816)是一个富有的德国律师,受到赫舍尔发现天王星消息的鼓舞和启发,他开始全身心投入天文观测,并几乎将自己所有的金钱和业余时间都用在了对月球和太阳系行星的观测上,其中当然也包括火星。施勒特绘制了大量的火星素描图(图 2-11),并且在精度上也有很大的提升。但奇怪的是,他一直坚信自己在火星表面所看到的色彩差异只不过是火星大气层中分

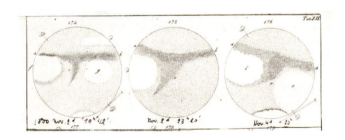

图 2-11　德国律师约翰·施勒特在 1800 年 11 月初绘制的火星地表图像

(据 University of California, Irvine)

布的云层,而并非火星实际地表的景物。施勒特的命运比较坎坷,他对火星的研究成果也一直都没有出版,直到他去世 65 年后其作品才得以面世。

3. 19 世纪:望远镜技术大发展与火星卫星的发现

在整个 19 世纪,天文望远镜制造技术得到了极大的发展和进步,大量高质量望远镜被制造出来并陆续配备至各地的天文台。当时比较时兴的是折射式天文望远镜,因其拥有较长的焦距,被认为是观测月球和行星目标的理想工具。

讲到这里就不能不提到美国传奇的克拉克父子。这对父子应该可以说是历史上制造折射式天文望远镜手艺最精湛的人了,目前世界上质量最好、口径最大的几台折射式天文望远镜基本都出自这对父子之手。他们制作的最具有代表性的 3 件折射式望远镜分别是安装在美国海军天文台的口径 26 英寸(1 英寸=2.54cm)折射式望远镜,安装在利克天文台的口径 36 英寸折射式望远镜,以及安装在叶凯士天文台的口径 40 英寸折射式望远镜(图 2-12)。这也是到目前为止人类制造的口径最大的折射式天文望远镜,至今仍在正常使用——要知道克拉克父子研制成功这台望远镜的时间是 1895 年,当时中国还处于晚清时期!

历史上有很多著名的天文学家都曾经使用过克拉克父子研制的这台传奇望远镜开展研究工作,如发现宇宙膨胀和哈勃定律的诺贝尔物理学奖获得者埃德温·哈勃(Edwin Hubble),计算得到白矮星质量极限的美籍印度天

图 2-12 叶凯士天文台口径 40 英寸的折射式望远镜

(据 Yerkes Observatory,摄于 1897 年)

体物理学家苏布拉尼扬·钱德拉塞卡（Subrahmanyan Chandrasekhar）以及擅长用通俗语言向普通民众讲解天文知识的美国著名天文学家卡尔·萨根（Carl Sagan）等。

而这些出自克拉克父子的望远镜，对于火星观测也曾经起到了关键性作用。但在展开此话题之前，让我们先把时间退回到1726年。英国作家乔纳森·斯威夫特（Jonathan Swift，1667—1745）写了一本后来非常有名的虚构小说《格列佛游记》(*Gulliver's Travels*)（图2-13）。在该书的第三章里，斯威夫特笔下的飞岛国家"拉普塔"的天文学家们发现火星有两个小卫星，到火星的距离分别相当于火星直径的3倍和5倍，围绕火星公转一周的时间分别是10小时和21.5小时。

图2-13 《格列佛游记》插图

现在看来，这可真是一个惊人的巧合。在这之后150年的1877年的8月12日和8月18日这两天，美国天文学家阿萨夫·霍尔（Asaph Hall，1829—1907）（图2-14）发现了两颗真实的火星卫星。当时他所使用的观测工具正是设置在美国海军天文台，由克拉克父子制造的26英寸折射式天文望远镜。在当时，这台望远镜是世界上最强大的观测设备。

霍尔发现的这两颗卫星都非常小，完全无法辨认出任何地表特征，只不过是非常微小的

图2-14 阿萨夫·霍尔
（据USNO）

光点。科学家们很快便得出结论,认为火星的这两颗小卫星应当是被火星引力所俘获的小天体。在他人的建议下,霍尔将靠内侧的小卫星命名为"福波斯"(Phobos,意为"恐惧"),中文称为"火卫一",而将靠外侧运行的小卫星命名为"迪莫斯"(Deimos,意为"惊慌"),中文称为"火卫二"。在希腊神话中,福波斯和迪莫斯是战神阿瑞斯的儿子。

知识链接 发现火星卫星背后的爱情力量

1877年,美国天文学家霍尔发现了火星的两颗小卫星。而为了纪念霍尔的这项伟大发现,火卫一上最大的撞击坑被命名为"斯蒂克妮撞击坑"(Stickney Crater)。你一定觉得奇怪,为什么会用这个名字?其实答案很简单,因为斯蒂克妮是霍尔的妻子,而她在火星卫星的发现过程当中曾经起到了非常重要的作用。

斯蒂克妮女士本人并不是天文学家,但她理解并支持自己爱人的工作。霍尔醉心于对火星卫星的搜寻,可长时间没有结果,他非常着急,也很沮丧,一度打算就此放弃。但是斯蒂克妮不断鼓励丈夫继续坚持,最终功夫不负有心人。霍尔后来曾经充满感激地写道:"如果不是我妻子对我的鼓励,我恐怕早就放弃了对火星卫星的搜寻工作。"

1973年,根据美国水手9号发回的火卫一清晰图像,国际天文学联合会决定将火卫一上最大的撞击坑命名为"斯蒂克妮撞击坑"。这也成为天文学历史上的一段佳话。

2.1.3　19世纪：有关火星文明的争论

1877年的火星大冲

霍尔之所以能够发现火星的两个小卫星，有一个非常重要的原因是那一年正值火星大冲，也就是火星距离地球最近的时候。我们在前文中已经了解到，由于火星和地球在各自轨道上运行，两者之间存在相对运动，因此两者之间的距离也会出现很大的变化，最远的时候两颗行星之间距离可以超过4亿km，而最近的时候，也就是出现"火星冲日"的时候（图2-15），地球与火星之间的距离不足5 500万km，最远距离约是最近距离的8倍！

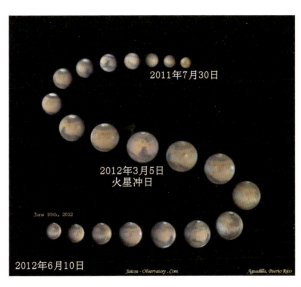

图2-15　2011年7月30日至2012年6月10日拍摄的火星

而每一次发生火星冲日时，火星和地球之间的距离也并不相同，有远有近，如果某一次火星冲日发生时火星和地球之间的距离特别近，就被称作"大冲"（Great Opposition）。而1877年恰好就发生了一次火星大冲事件，从地球上观察，火星的视张角可以达到25角秒左右。全世界的天文学家对此都摩拳擦掌，做好了全部准备，要在这次火星大冲期间对火星展开全面观测，毕竟机会难得！但是谁也没有料到，这一次的观测会引发一场持续了70多年的争论……

纳撒内尔·格林（Nathanael Greene，1823—1899）是一位英国画家和教师，他擅长绘制风景画与肖像画，但在业余时间他醉心于天文观测，尤其对火星着迷。格林拥有一台18英寸的天文望远镜，在1877年火星大冲期间，他对火星进行了认真观测并充分发挥了他绘画的专长,描绘了精细度惊人的火星地表景象图。在1877年的9月初,格林绘制了火星南极极冠的素描图,极为详尽(图2-16)。

图2-16　纳撒内尔·格林观测并绘制的1877年火星大冲期间火星南极极冠的变化情况(据NASA)(左图绘制于1877年9月1日,右图绘制于7天之后)

他在当年就将自己绘制的火星图像印刷出版了,但是出人意料的是,几乎没有引起什么关注,因为大众的注意力都被另外一个人吸引了,这个人就是斯恰帕拉利。

乔瓦尼·斯恰帕拉利(Giovanni Schiaparelli,1835—1910)是意大利历史学家兼天文学家。美国宇航局网站上是这样介绍这位在火星发现历史上曾经占据重要地位的人物:"斯恰帕拉利在意大利都灵大学接受教育,后来前往柏林天文台在天文学家恩克的指导下开展研究工作。1859—1860年期间,他在普尔科沃天文台工作,后来他来到意大利的布雷拉天文台并在那里工作超过40年时间。另外,斯恰帕拉利还是意大利王国的参议员,意大利猞猁之眼国家科学院等学术机构的会员。他最为人所知的是他对于火星的研究。"

1877年,斯恰帕拉利利用位于意大利米兰的布雷拉天文台开展了对火星的详细观测,识别出火星表面超过60个不同的景物并进行了标号命名和地图绘制,其中的一些名字一直被沿用至今(图2-17)。

最重要的是,在1877年斯恰帕拉利发现火星上似乎存在遍布全球的大规模暗色条纹系统,他将其称作"canali"。在意大利语中,这个单词意思是"沟槽"。但是不知是有意为之还是无心之过,当英国媒体报道这一消息时,将这个词翻译成了

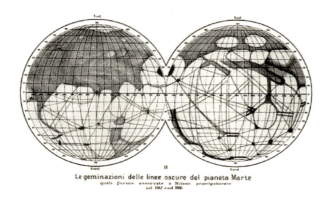

图 2-17 斯恰帕拉利绘制的火星地图,注意上面的大量条纹
(据 University of California, Irvine)

"canal"。懂英语的读者一定知道,这个词在英语中意思是"运河"——而运河是人工开凿的,这就意味着火星上一定存在着拥有工程技术、高度发达的智慧生命!公众一下子陷入了疯狂!

当然,斯恰帕拉利一不小心成了"大红人",他顺势写了一本书,书名就叫作《火星上的生命》。在这本书里,他写道:"不同于我们日常所熟悉的运河,我们必须去想象那种并非很深,但是在直线方向上延伸很远,甚至能够有上千英里的沟渠系统,它们的宽度在 100~200km 之间,或许更宽。我已经指出,考虑到火星上缺少降水,这些沟渠系统或许是在火星干燥的表面输送水分的主要途径。"

尼古拉斯·卡米拉·弗拉马利翁(Nicolas Camille Flammarion,1842—1925)(图 2-18)是法国非常著名的天文学家和科学作家,一生中出版过至少 50 本科学方面的书籍,其中最有名的要数《大众天文学》。可能年纪稍长的读者对此是有印象的,这本书很早就在中国推出了中文版,可以说是近现代第一本堪称经典的通俗天文学读物。

图 2-18 正在进行天文观测的尼古拉斯·卡米拉·弗拉马利翁
(据维基百科)

弗拉马利翁出版了一本著作《火星》(*La Planète Mars*)(图 2–19),系统地总结了那个年代人们对于火星以及“运河”事件的相关认识。在这本书里,他还回答了火星运河论的批评者们提出的一些质疑,如为什么所谓火星运河的周围没有观测到植被生长而形成的绿色。弗拉马利翁写道:“我们或许会问,火星上的植被为什么不是绿色的,可是它们为什么非要是绿色的呢。”这就是这个问题的答案。从这个观点出发,我们没有任何理由将地球的情况作为宇宙的通行法则。另外,地球上的植被有些也是红色的呢。

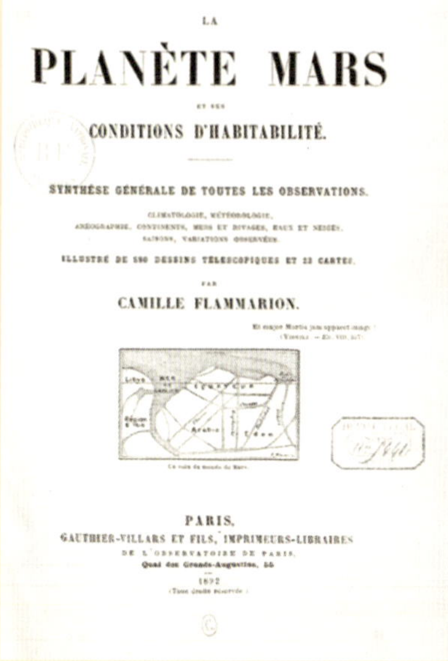
LA

PLANÈTE MARS

ET SES

CONDITIONS D'HABITABILITÉ.

SYNTHÈSE GÉNÉRALE DE TOUTES LES OBSERVATIONS.

CLIMATOLOGIE, MÉTÉOROLOGIE,
ARÉOGRAPHIE, CONTINENTS, MERS ET RIVAGES, EAUX ET NEIGES,
SAISONS, VARIATIONS OBSERVÉES.

ILLUSTRÉ DE 580 DESSINS TÉLESCOPIQUES ET 23 CARTES.

PAR

CAMILLE FLAMMARION.

PARIS,
GAUTHIER-VILLARS ET FILS, IMPRIMEURS-LIBRAIRES
DE L'OBSERVATOIRE DE PARIS,
Quai des Grands-Augustins, 55
1892
(Tous droits réservés.)

图 2–19 弗拉马利翁的著作《火星》的封面

(据 http://gallica.bnf.fr/)

很多人都阅读了弗拉马利翁的作品并从中受到启发。其中有一位名叫珀西瓦尔·洛厄尔 (Percival Lowell,1855—1916)(图 2–20),他是一名成功的美国商人,出生于美国波士顿的一个显赫家庭。他的哥哥在 1909 年至 1933 年期间担任美国哈佛大学校长职务。

图 2–20 珀西瓦尔·洛厄尔

(据美国国会图书馆)

珀西瓦尔·洛厄尔读到了弗拉马利翁的作品,特别是前面提到的《火星》一书。他从中详细了解了当时关于“火星运河”的相关消息和资料,并很快为之深深着迷。他作出了一个令所有人感到吃惊的决定:他要放弃生意,而将全部精力、财富和影响力投入到对火星的研究中去。

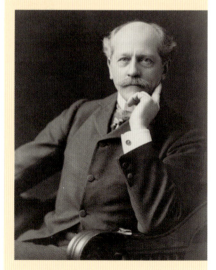

1894年,洛厄尔经过反复比较,决定在美国西南部的亚利桑那州旗杆镇建立一座私人天文台(图2-21),专门用来开展对火星的详细观测。这里海拔2000多米,空气相对稀薄,非常干燥,降水很少,晴天很多,且远离城市灯光,是理想的天文观测地。在这里建成的洛厄尔天文台是世界上首座专门经过选址,有意识地在高海拔偏远地点建设的天文台,这也成为此后世界各地大型天文台选址的标准做法。

图2-21 今天的洛厄尔天文台
(据 Lowell Observatory)

在当年5月22日举行的波士顿科学学会会议上,洛厄尔发表了讲话,阐述他建立天文台的初衷和设想。他提到:"对于火星上那些痕迹的最简单解释就是,它们或许是真实存在的,也就是说,我们所看到的或许是某种智慧文明留下的作品。"

1894年,洛厄尔花费2万美元,请前文中提到的克拉克父子为天文台设计制造了口径24英寸的折射式天文望远镜。在接下来的15年里,洛厄尔全身心地投入到了对火星的详细观测工作,并绘制了大量"火星运河"的素描图(图2-22)。

根据多年的观测和研究,洛厄尔陆续出版了3本关于火星的著作,分别是1895年出版的《火星》、1906年出版的《火星和它的运河》,以及1908年出版的《作

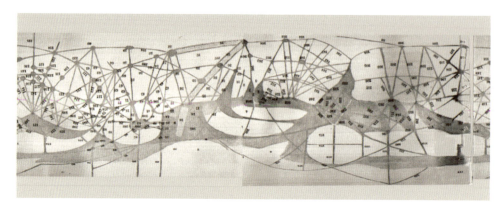

图 2-22　洛厄尔绘制的火星地图，同样可以看到大量的暗色条带区域
（据 Lowell Observatory）

为生命摇篮的火星》。除此之外，他还为很多杂志和报纸撰稿，介绍与"火星运河"以及火星生命有关的话题。

通过出版这些作品，洛厄尔在向公众传播关于火星上可能存在高级智慧生命方面做了大量工作。也正因如此，他在民众中获得了极高的声誉，大家都为火星上可能存在生命的想法感到兴奋。但与此同时，在专业天文圈子里，洛厄尔开始受到质疑，因为他的很多想法并没有得到其他人观测的证实，同行们开始觉得洛厄尔因为太希望，或者说太过于相信火星上存在生命的想法，而让自己在观测过程中出现了偏差。关于这一点我们大家都是有体验的：人们总是倾向于看到自己想要看到的东西。

比如说，许多天文学家指出，他们无法重复观测到洛厄尔曾宣称他所观测到的那些火星条纹。对于这类质疑，洛厄尔的解释是因为其他科学家没有他这么好的观测设备和旗杆镇这么好的观测条件。

但科学讲求实事求是，等到 1916 年洛厄尔去世的时候，主流科学界已经完全抛弃了火星上存在运河这样的想法。普遍的观点已经形成，那就是这些所谓的运河应该只是人的大脑和眼睛产生的幻觉，从几个孤立存在的点和零散分布的暗色区域，我们的大脑根据主观想象自动将它们联系了起来，从而让我们"看到"了网络状的"火星运河"。

2.2　20 世纪以来的航天探测

时间进入到 20 世纪，人类的科技水平已经有了质的飞跃，而我们对于火星的观测也迎来了革命性的改变。在这里，我们需要提到第二次世界大战。提起这场战争，很多人想到的是血腥残暴的屠戮，但"二战"期间，德国为军事目的而研制的弹道导弹，在战后逐渐发展成为现代火箭技术的先驱。火箭技术的出现极大地推动了人类向宇宙进军的步伐。以 1957 年苏联发射第一颗卫星为标志，人类正式进入航天时代。从 20 世纪 60 年代开始，以美国和苏联为首的国家向火星发射了大量探测器。由此，人类对于火星的探测进入了一个全新的时代。

从 1960 年至今，美国和苏联等国总共向火星发射了 40 余枚航天器，但大约 2/3 的火星探测器的发射过程都不顺利。纵观火星探测历程，火星探测的成功率也就在 50% 左右，可见风险是相当高的。即便如此，仍然有许多非常成功的火星探测项目得到了顺利实施，其中早期比较有名的包括美国的"水手"系列探测器，以及"海盗"探测器等。而最近几次成功的探测器项目包括 2013 年印度发射的"曼加里安"探测器、同年发射的美国"美文号"探测器，以及 2016 年欧洲发射的"ExoMars TGO"探测器、2018 年美国发射的"洞察号"着陆探测器等，这些成功抵达火星的航天器对火星进行了详细的考察，并向地球发回了大量珍贵的火星数据。而在 2020 年，美国、阿联酋和中国已开启全新一轮的火星探测。美国的"毅力号"火星车已经成功着陆火星，所携带的直升机也完成了试验性飞行。阿联酋的"希望号"成功进入火星轨道开展探测。中国的"天问一号"火星轨道器已入轨开展工作，"祝融号"火星车已经于 2021 年 5 月 22 日安全驶上火星表面，在这颗红色星球上留下第一道属于中国的"车辙印"。

知识链接 利用航天器探测火星的方式

火星探测与月球探测一样，一般都必须经历飞越、绕轨、着陆和返回这4个由易到难的阶段，这是因为人类的探测技术必须经历一个不断积累的过程。飞越探测(Flyby)相对容易，探测器在星际空间飞行时可以完成对多个"路过"天体的观察，获得影像数据和光谱数据等。但是局限性在于，由于飞越某个天体时间较短，不能在特定时间段内控制探测角度、距离，因此一般只能获得天体局部和短时间的形貌及其他信息。

轨道器(Orbiter)则不同，它就像人造地球卫星一样，利用被围绕天体本身的引力场，使自己进入被围绕天体的轨道，实施对天体的环绕探测。显然这类探测活动可以长时间地对天体进行探测，获得大量的遥感探测数据。我国的"嫦娥一号"和"嫦娥二号"的探测方式都属于绕轨探测。

当探测技术积累到一定程度，可以有效实施变轨和各项测控技术后，就可以进行着陆(Lander)探测活动了。着陆探测就是将探测器投放到天体的表面进行实地探测，包括着陆器的就位探测和释放各类可以移动的"漫游车"(Rover)进行探测，如月球车和火星车等。这里的关键是掌握探测器的所谓"软着陆"技术，即保证着陆探测器能够完好地投放到天体表面，不能被砸坏，还要达到最完美的着陆姿态，才能使探测设备和太阳板电池顺利打开，以确保能顺利完成探测任务。我国的"嫦娥三号"和"嫦娥四号"就属于这种类型。其中值得一提的是，我国的嫦娥四号是世界首个实现月球背面软着陆的探测器，它所携带的"玉兔2号"也理所当然成为了世界第一辆行驶在月球背面的漫游车！

返回任务是难度最大的探测活动，较前面几项任务不同，增加了从天体表面起飞、与留轨器的对接、飞回地球、再入地球大气层多项艰巨的任务，每个环节都不能有任何差错。其中20世纪60年代末至70年代初美国实施的"阿波罗"载人登月计划,成功登月6次,共把12名美国宇航员送上月球表面,并取回超过380kg的月球岩土样本,成为迄今人类唯一成功实施的载人地外天体着陆并安全返回的案例,也是巨额资金投入与冷战时期强大政治决心一同造就的技术巅峰之作。而美国的冷战对手苏联,尽管因为巨型火箭研制等不顺利导致载人登月未能结出硕果,但其在1970年、1972年和1976年实施的3次月球探测任务中,成功实现了3次月面无人取样并返回,一共取得0.326kg的月面样本。

时隔40多年后,2020年11月24日,中国"嫦娥五号"探测器从中国文昌航天发射场升空,执行中国的首次月球取样返回计划,并最终于23天后的12月17日安全返回内蒙古着陆场。此次任务取回1.731kg月球土壤样品,成为世界上第三个独立从月球采样返回的国家。除此之外,日本和美国还分别实施了针对小行星表面物质取样的"隼鸟"(HAYABUSA)以及"冥王"(OSIRIS-Rex)计划,从而在小天体低重力环境取样技术方面走在世界前列。

对于火星的探测,人类已经成功实施了除返回任务以外的其他探测方式。未来实施采样返回,甚至载人登陆火星并返回地球都是可能的,而且这项激动人心的计划已经在实施中。正如著名物理学家霍金预言的那样,"……万一地球毁灭,人类就必须在火星或太阳系中的其他星体生活"。所以,人类将最终移民火星也不是没有可能。

知识链接　　如何进入火星轨道

对一切天体探测活动,首先都需要把探测器送到目的轨道上,然后才能进行绕轨探测或着陆探测。如何从地球上将探测器送到火星轨道上呢？这是一个复杂的问题。火星与地球之间的最近距离约为 5 500 万 km,而最远距离超过 4 亿 km。探测器要完成如此遥远的旅行需要经历以下几个阶段:

第一个阶段:利用火箭推进系统,将飞行器发射出去,使其达到第二宇宙速度,以摆脱地球引力场的束缚,否则飞行器只能环绕地球飞行变成地球的卫星,或坠落回地表。

第二个阶段:完成从地球引力场边缘到火星引力场边缘的星际飞行,这个期间要靠火箭推进和精准的飞行轨迹控制。

第三个阶段:当飞行器以完美的姿态靠近火星时,它就会被火星所吸引、捕获。此时必须要有效控制到达火星的速度和角度,不能使飞行器失控直接坠落到火星表面,也不能使其脱离火星的引力,飞往更遥远的星际空间。这些控制技术是非常关键的。从火星探测的历史中,我们可以看到多次失败都是因为控制不当。

要知道,火星与地球之间的距离变化幅度很大。为了保证发射速度,必须节省飞行器的燃料而降低发射载荷;同时,还要保证后续续航有足够燃料,这都需要考虑发射时间,也就是前文所说的"发射窗口"。需要注意的是,这个发射窗口并不是地球与火星最近的时候！因为二者的位置处于动态变化中,一般依据"霍曼转移轨道"来规划。如果错过了最佳时间,就会增加成本,甚至导致发射计划失败。火星的发射窗口大约每 26 个月开启一次,也就是大约每 2 年有一次发射机会。

2.2.1 美国和苏联的火星探测竞赛

1. 40年坎坷历程

美国和苏联的火星探测竞赛,是20世纪美国和苏联在冷战时期为了争夺航天霸主地位而展开的竞赛中的一项。第二次世界大战结束后,两国为了向世界展示自身的科技实力,不惜举全国之力,实施了对太阳系多个天体的探测,也包括对火星的探测。

1) 越挫越勇的苏联

1960年末,苏联一次向火星发射了两枚探测器:"1M No.1"(又称"火星1960A")和"1M No.2"(又称"火星1960B")。然而很不幸的是,这两枚火星探测器先行者在发射后都没能到达地球轨道便坠毁了。本着越挫越勇的精神,苏联又在下一个发射窗口1962年的10—11月,先后向火星发射了3枚探测器:"2MV-4 No.1"(又称"卫星22号")、"火星1号"和"卫星24号"。第一枚抵达地球轨道后飞行器损坏;第二枚成功进入了飞向火星的轨道,却在1963年3月21日飞行到距离地球1.06亿km的距离时与地面永远失去了通信联系;第三枚探测器同样成功进入了环绕地球的轨道,但遗憾的是,随后搭载探测器的火箭却未能再次成功点火,2个月后坠入地球大气层烧毁。1964年,苏联发射了"探测器2号",其虽然最终到达了火星附近,但却没有能够向地球发回任何数据。1969年,苏联继续向火星发射了"2M No.521"和"2M No.522"。第一枚探测器在发射后7分钟因发动机故障发生爆炸,而另一枚探测器发射后不到1分钟就坠向了地面。

苏联火星探测计划的失败历程中还有一件趣事。1971年,苏联发射了一枚探测器,包括一个轨道器和一个着陆器,并尝试在火星表面着陆,但实际上它仅仅到达了环绕地球轨道。按照计划,探测器应该在地球轨道上停留1.5小时,然后点火向火星进发,但是由于计算失误,它的计时器要等1.5年才向火箭发出这个点火指令。这枚探测器后来被称为"宇宙419号",苏联事后否认这枚探测器将要前往火星。

在1960—1970年这十年间，苏联在每个发射窗口期都向火星发射了至少一枚探测器，无一例外都失败了，而十年后苏联的探测计划似乎开始有了转机。1971年苏联继续向火星发射了"火星2号"（图2-23）和"火星3号"两枚火星探测器，这两枚火星探测器与宇宙419号的设计几乎完全相同，分别于1971年5月19日和5月28日发射升空。虽然火星2号于同年12月27日到达火星后不久便与地球失去了联系，但是火星3号携带的着陆器却成为了有史以来第一个成功在火星表面着陆的火星着陆器。火星3号仅仅在火星上工作了约20秒，甚至没能发回一张完整的照片就永远与地球失去了通信联系。

1973年，苏联连续向火星发射了4枚探测器，分别是"火星4号""火星5号""火星6号"和"火星7号"，但是它们并没有火星3号那样幸运，4枚探测器几乎都没有完成它们的探测任务。火星4号和火星5号分别于1973年7月21日和25日先后发射升空，又分别于1974年2月10日和12日到达火星附近。可结局还是非常遗憾，火星4号没能成功进入环绕火星轨道，而火星5号则在进入环绕火星轨道不久后就丢失了。

1973年8月5日和9日，苏联又计划向火星发射携带有着陆器的火星6号和火星7号，希望它们像火星3号一样成功登陆火星。火星6号和火星7号分别成功到达火星附近，火星6号的着陆器成功进入火星大气层并打开了降落伞，然后就失去了联系，而火星

图2-23 俄罗斯航天博物馆内陈列的火星2号探测器模型

（据NSSDC）

7号甚至还没进入环绕火星轨道就丢失了。

1988年7月,苏联先后发射了两枚火星探测器:"福布斯1号"和"福布斯2号"探测器。福布斯1号在飞行途中,因地面人员错发了一个指令而导致失败。福布斯2号探测器虽然在1989年3月进入绕火星飞行的轨道,并工作了一段时间,但后来也因出现故障而失败。

至此,苏联在解体(1991年12月25日)前的17次火星探测计划几乎全部失败。

2)后来居上的美国

美国没有像苏联一样去争夺每一个发射窗口,甚至一个发射窗口发射两枚火星探测器。美国于1964年才向火星发射了第一枚探测器——"水手3号",这也是美国发射的第一枚火星探测器。不过各国的第一枚火星探测器似乎都有着同样悲惨的命运。水手3号发射后,保护外壳未能按预定计划成功与探测器分离,导致探测器偏离轨道,最终此项探测计划以失败告终。

同年,美国发射的第二枚火星探测器"水手4号"(图2-24)成为第一个成功飞越火星,并发回数据的探测器。说起来这次发射比苏联1971年火星3号成功登陆火星还早了7年,是有史以来第一次成功的火星探测计划。它回传了第一张火星表面的照片。水手4号于1965年7月14日从距离火星表面9 800km的上空掠过火星,花费了3周的时间向地球传回了21张照片。此后又

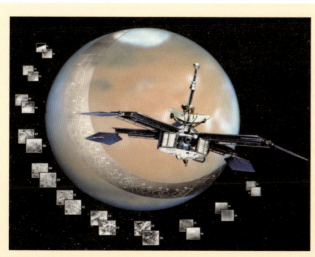

图2-24　美国水手4号探测器
(据 NASA/JPL-Caltech)

在环绕太阳轨道上运行了3年时间,对轨道周围的太阳风进行探测。

1969年美国发射"水手6号"和"水手7号"探测器,分别于同年7月31日和8月5日成功抵达火星附近。它们成功掠过火星,并对火星大气成分进行分析,发回了大量火星的照片。

1971年,美国发射了"水手8号"和"水手9号"两枚火星探测器。水手8号发射升空几分钟后因火箭故障坠入了大西洋。而后来的事实证明,水手9号比它的前辈水手4号更加成功,它成为了人类第一颗进入火星轨道,并围绕火星运行的人造火星卫星。它于1971年11月到达火星轨道,在火星轨道上工作了将近一年之久,发回了7 329张照片,所拍摄的照片几乎覆盖了全部火星表面,这些照片向人们展示了荒凉的火星,打破了人们对火星存在生命的幻想。但是,当此前对水手4号传回的平淡无奇的火星沙漠照片感到失落的科学家们,看见水手9号传回的这些照片后却欣喜若狂——原来火星的地表是如此复杂多样(图2-25)! 水手9号在火星上拍摄到一条峡谷,这条峡谷以探测器的名字命名为"水手大峡谷"。水手大峡谷长度约5 000km,深度达8km,后证实为太阳系中最大的峡谷。水手9号的另一项重大发现是:火星上存在巨大的盾形火山,如奥林匹斯火山、阿希亚火山。经证实,火星表面的这些火山的规模比地球上的任何火山都要大得多。

图2-25 水手9号拍摄的火星水手大峡谷西侧Labyrinth地区图像(左图);奥林匹斯火山(Olympus Mons)的中央破火山口区域(右图)(据NASA/JPL–Caltech)

不过,这次火星探索竞赛中最为成功的探测计划,还是要数美国发射的海盗号探测器。1975年,美国先后发射了海盗1号和海盗2号探测器。这是美国宇航局有史以来最为成功的火星探测计划之一。每个探测器都由两部分组成:一个轨道器和一个着陆器。海盗号着陆器携带的科学仪器包括生物探测仪、气相色谱/质谱仪、X射线荧光光谱仪、地震仪、气象观测设备和立体色彩相机等,用来探测火星是否存在生命、土壤的物理性质和磁性,以及随着高度而变化的火星大气。

海盗1号于1975年8月20日发射升空,轨道器于1976年6月19日进入环绕火星轨道,着陆器于1976年7月20日在火星表面的克利斯平原西部的斜坡上成功着陆(图2-26)。两颗海盗号火星探测器总共向地球发回了数万张高清火星照片。"海盗"项目的设计使命是降落后生存90天。但事实上,每一个轨道器和着陆器运行的时间都远远超过了设计寿命。海盗1号的轨道器在轨道上一直工作到1980年8月17日,而着陆器使用核能作为电力来源,在火星表面正常工作超过6年,直到1982年11月13日由于错误指令而通信联系中断。

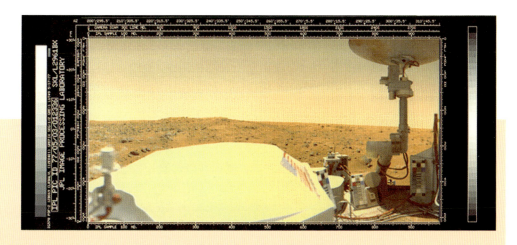

图2-26　海盗1号着陆器拍摄的火星表面
(据NASA/JPL)

海盗 2 号于 1975 年 9 月 9 日发射升空，轨道器于 1976 年 8 月 7 日进入环绕火星轨道，着陆器于 1976 年 9 月 3 日在火星表面的乌托邦平原成功着陆（图 2-27）。海盗 2 号的轨道器在火星轨道上一直工作到 1978 年 7 月 25 日，而着陆器在火星表面正常工作了 3 年多的时间，直到 1980 年 4 月 11 日由于电池故障而通信联系中断。

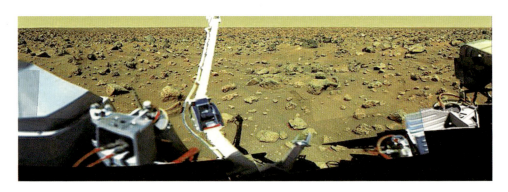

图 2-27　海盗 2 号拍摄的火星表面
（据 NASA/JPL）

除了拍摄火星表面的照片和收集科学数据外，两个着陆器还进行了 4 个生物实验，以寻找火星上存在生命的可能迹象。实验的结果非常出乎意料，某些迹象似乎显示在火星土壤中存在生命活动，但经过进一步的分析发现，这种提示生命活动的表现实际上是由无机化学反应造成的误判。由于火星缺乏臭氧层，太阳紫外线可以直接照射整个火星表面，这相当于为火星全球进行着消毒灭菌工作，同时，火星土壤的极度干燥和表面的高氧化特性也使有机体难以在火星土壤中生存。

20 世纪 80 年代后，由于美苏关系逐渐缓解，加上航天科技的高投入，单靠一个国家显得吃力，于是美苏两国在航天领域逐渐走上合作发展之路，"竞赛"的概念渐渐成为历史。直到 1991 年苏联解体，美苏太空竞赛宣告结束。

不管后人如何评价当初美苏两国在开展火星探测方面的动机，不可否认的是，这段历史的确极大地推动了人类对于火星的探测。我们对火星的了解不再是从望远镜里推测火星上是否存在"运河",我们拥有了火星的近照,看见了火星贫瘠的地表和昏黄的天空。从那时起,人类对火星的探索开始拥有科学上的意义,为的是揭开火星上大气消失之谜,是否存在生命之谜。

知识链接　海盗号的火星生命科学实验

海盗号探测器是美国宇航局在20世纪70—80年代执行的"旗舰"级别火星探测计划。之所以这样说,是因为其技术极其复杂,且耗资巨大,功能非常完善。两艘海盗号飞船都由轨道器和着陆器组成,其中备受关注的是海盗号的着陆器在火星上开展了人类首次在另一颗行星上进行的生命科学实验(图2-28)。

根据设计,海盗号的机械臂会从周围的火星地表挖取土壤样本并送入分析舱,分别开展4项不同的科学实验,以判断火星上有无生命。海盗号着陆器在火星表面开展的生物学实验得到了具有争议性的结果:部分实验数据似乎暗示火星土壤中存在能够进行新陈代谢的微生物,但主流科学界倾向于认为这一结果更有可能是由于火星土壤中的某些化学成分对实验结果产生了干扰。

图2-28　NASA科研人员正在研制安装于海盗号火星着陆器上的生命探测设备(据NASA/JPL)

2.2.2 近二十年来的科学探测历程

1. 20世纪末

1991年末苏联解体，俄罗斯继承了苏联的衣钵继续进行火星探测，但限于国力不足，不再疯狂地发射探测器，而是处于冷静观望的状态。

而另一边，美国没有了竞争的压力，加上有了前几次成功的火星探测经验，火星探测计划似乎越来越顺风顺水，但往往越是顺利的时候，危险就越容易在不经意之间突然到来。1992年，美国的"火星观察者"探测器于9月25日发射升空，开始了它前往火星的旅程。发射之后一切似乎进展得相当顺利。1993年8月21日，就在它几乎就要到达火星，准备点火进入环绕火星轨道时，却突发故障与地球失去了通信联系。

1996年，美国成功发射了2个火星探测器："火星全球勘测者"（Mars Global Surveyor, MGS）（图2-29）和"火星探路者"（Mars Pathfinder）。火星全球勘测者探测器发射升空后持续运作了10年，直到2006年11月5日与地面失去联络，从而使其成为有史以来最成功的火星探测器之一。在其漫长的工作周期内，该探测器对整个火星的大气层和地表都进行了详细的观察和探测，获取到大量数据。其中探测器上的广角照相系统，也被称为火星轨道相机（MOC），观察到一个最令人兴奋的现象就是这颗红色星球上存在季节性循环的天气模式。相机每天工作时会拍摄照片用以构建一幅每日的火星全球地图，这些地图提供了火星上气候变化的记录。

图2-29　正在火星轨道上运行的火星全球勘测者
（据 NASA/JPL-Caltech）

探测器观察到的天气模式包括一些尘暴,它们在一周之内能在同一个地区重复出现,或是几年前出现过,现在再次出现。另外,局部的风沙扰动和尘卷风可能在火星春季的第一天后的任何时间开始,并一直持续到秋季。来自火星全球勘测者的高分辨率图像还记录了火星上的冲沟与泥石流,这些都指示了含有液态水的水源区曾经在火星的近地表出现过,类似于蓄水层。磁力计探测结果表明火星并没有一个全球的磁场,但是在火星表壳的特殊区域存在局部的磁场。火星全球勘测者已经观察了冲沟和新的漂石痕迹、最近形成的撞击坑和南极冰盖内逐渐缩小的干冰覆盖范围。来自探测器激光测高计的数据为科学家提供了火星南极冰盖的第一幅三维图像。根据无线电波在火星大气中传播时发生的速度改变,科学家能够绘制大气温度与压力的垂向剖面,而这可以揭示火星表面的季节性变化与长期气候环境变化的历史。

1996年12月4日,美国发射火星探路者探测器。1997年7月4日,飞船进入火星大气层,于17时07分在火星着陆。成功着陆后,飞船打开外侧的3个电池板,重10kg的6轮"索杰纳"(Sojourner)——人类的第一辆火星车(图2-30)缓缓驶离

图2-30 索杰纳——人类的第一辆火星车
(据NASA/JPL)

着陆器，行驶到火星北半球古老平原上的阿瑞斯谷。其行进路线是预先确定好的，首先朝目标区西南部的一个长 100km、宽 19.3km 的椭圆形区域缓慢行进。索杰纳携带了几个相机和 α 粒子 X 射线能谱仪（APXS），用来分析火星岩石和土壤成分。索杰纳在探测区，对由远古时代洪水冲刷形成的一个 488m² 的小岛进行了详尽观察。科学家发现这里分布有众多圆形石块，其中许多石块沿同方向有序排列，表明它们受到过水流的冲击。科学家推测当时那场洪水冲刷出的河道达数百千米宽，水流量达 100 万 m³/s。对索杰纳传回的数据进行分析后，科学家认为"火星曾一度温暖潮湿，存在液态水，大气层也比现在更厚"。另外值得一提的是，火星探路者是人类探测器首次采用气囊弹跳的方式在火星上实现着陆。而在此之前的所有软着陆方式均是借助反推发动机。这一成功实践也为之后 2003 年实施的"勇气号"和"机遇号"火星车着陆火星奠定了坚实的技术基础。

1996 年，俄罗斯也发射了火星探测器，名为"火星 96"（图 2-31）。很可惜的是，这枚火星探测器不像美国的探测器那样幸运，与此前苏联发射的探测器一样没有逃脱失败的命运——它在进入地球轨道后未能成功点火，不久后便坠入了太平洋。

图 2-31　在厂房中的火星 96 探测器
[据俄罗斯航天总署（ROSCOSMOS）]

知识链接　软着陆火星的方式与"恐怖7分钟"

火星与月球不同,它拥有大气层。因此可以利用降落伞方式实现着陆器下降过程中的减速,但是火星大气层又非常稀薄,如果光靠降落伞减速是难以满足软着陆要求的,因而必须采用多种减速手段并用的方式进行。在火星历史上,工程师们设计了多种不同的手段将来自地球的探测器安全地放到火星表面,并确保这些精密的仪器设备不会因为过度的震动而损坏。人类最早成功着陆火星并发回大量探测数据的火星着陆器要数美国的两艘海盗号探测器,其采用的着陆方式是降落伞再加反推发动机(图2-32)。

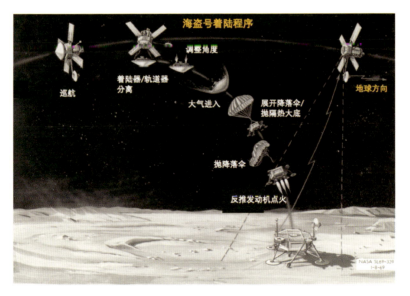

图2-32　海盗号着陆火星程序示意图
（据 Smithsonian Institution）

1996年发射的火星探路者首次采用了完全不同的着陆方式(图2-33),也就是后来非常有名的"气囊弹跳"。在这一技术得到验证并成熟之后,2003年美国宇航局发射的勇气号和机遇号两辆火星车也都采用了这种气囊弹跳的着陆方式,只是它们所用的气囊比1996年版本的气囊要大得多,因为这两辆火星车的个头也大了不少。

2012年发射升空的"好奇号"火星车,其个头几乎已经和一辆家用小型汽车相当了,质量接近1t。这样的"大个子"完全没有办法用气囊弹跳或者仅仅用降落伞配合反推发动机来实现平缓下降,那该怎么办?

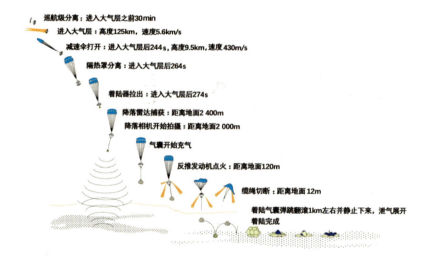

图2-33 气囊弹跳型火星着陆程序示意图
(据 Prasun N D, Philip C K, 2004)
(火星探路者、勇气号和机遇号火星车都是以这种方式着陆火星的)

这当然难不倒美国宇航局的航天工程师们。他们迅速设计出一种全新的着陆方式:"天空起重机"(Sky Crane)(图2-34)。其基本原理是在采用大型降落伞初步减速后,使用一台专门的"悬空飞行器",有点类似"能够飞行的大吊车",把好奇号

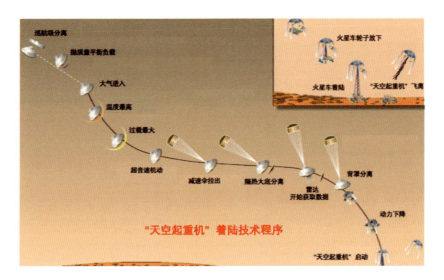

图 2-34　好奇号采用新颖的"天空起重机"着陆方式

（据 NASA/JPL–Caltech）

火星车吊起来，并安安稳稳地放到指定的安全位置。

　　而不管采用的是何种着陆方式，由于火星距离地球非常遥远，探测器的着陆基本都要依靠预先编制的计算机程序去自动完成，地球上航天控制中心的工程师们只能焦急等待，却无法进行干预。从探测器接触火星大气顶部开始到降落到火星地表，整个过程大约持续 7 分钟，这短短 7 分钟常常是整个火星着陆任务期间最让人紧张的阶段，这一阶段被航天工程师们称作"恐怖 7 分钟"。但是从火星到地球，以光速传播的无线电通信信号单程都需要 10 分钟以上，也就是说当地球上航天控制中心的屏幕上显示探测器开始进入火星大气层时，火星上的探测器要么早已经安全地降落在火星表面，要么早已经粉身碎骨，着陆失败。

探秘火星 探测篇

1998年,日本发射了第一枚火星探测器"希望号"(Nozomi,图2-35)。这使日本成为世界上第三个发射火星探测器的国家。该探测器计划探测火星的上部大气层和电离层,重点研究太阳风的影响,并向地球传送考察图像。它携带有14种仪器,其中5种仪器是国际合作项目。探测器除研究太阳风对火星高层大气的影响外,还打算对火星表面进行拍摄。日本的首次火星之旅同样充满坎坷:1998年7月3日发射升空之后,希望号原计划通过两次近距离飞掠月球,随后再近距离飞掠地球,进行引力借力,从而使其进入飞往火星的预定轨道,如果一切顺利,希望号将会在1999年10月11日抵达火星。

在按计划完成两次月球飞掠之后,1998年12月20日,希望号近距离飞掠地球,然而就在飞掠地球期间,探测器上的一个阀门出现故障,导致燃料泄漏,以至于

图 2-35　日本希望号火星探测器示意图
(据 JAXA)

其未能获得进入目标轨道所需的加速量。更为雪上加霜的是,12月21日进行的两次轨道修正点火耗费的燃料数量超过了此前的预期,导致探测器燃料出现不足。工程师们很快拟定了补救方案:让希望号绕着太阳再飞行大约4年,随后在2002年12月和2003年6月安排两次地球飞掠进行轨道调整,如果一切能够按照这个方案进行,那么希望号会在2003年12月或2004年1月份前后抵达火星——虽然晚了4年,但毕竟能够抵达目的地。

2002年4月21日,希望号按照补救方案飞近地球,然而却遭遇一次强烈的太阳耀斑爆发,这次爆发损害了探测器上的通信与电力系统。最终,按照补救方案在2003年12月9日启动探测器的主发动机进行姿态调整,从而为进入火星轨道做好准备。然而由于探测器未能正确执行指令,所有补救措施均宣告无效,日本政府最终不得不宣布放弃拯救。

1998年,美国发射了"火星气候轨道器"。然而就在1993年火星观察者神秘失踪事件发生5年后,类似的场景再次上演,火星气候轨道器没有到达预定轨道时便与地面失去了联系。这时美国宇航局才意识到出了问题:工程承包商美国洛克希德-马丁公司的工程师利用英制计量单位进行的程序设计,而不是美国宇航局最常用的公制。英里/千米换算这样的低级错误最终导致飞船计算机错误地确定了自身轨道高度,最终坠入火星大气层焚毁。

1999年,美国再次发射"火星极地着陆者"探测器(Mars Polar Lander)。这是一项雄心勃勃的探测计划:它将在人类历史上首次尝试着陆到火星极地——在这颗红色星球的南极附近区域着陆。与此同时,它还携带了一个副手:"深空二号"(Deep Space 2)。深空二号由两颗微型撞击器构成,分别命名为"阿蒙森"和"斯科特",以向最先登陆南极大陆的英国军官斯科特,以及挪威探险家阿蒙森致敬。这次的火星极地者探测器最终既没有神秘失踪,也没有出现愚蠢的计量单位错误问题。它从地球出发,经过约2.3亿km的长途旅行,到达火星表面上空40m的地方。但是非常可惜,这枚着陆器的电脑将一个常规震动错误地认为是降落迹象,因此中断了下降发动机的运转,导致着陆器从40m的高空坠落火星地面。关于这次坠毁事故,美国宇航局的历史学家史蒂文·迪克开玩笑说:"一个未经证实的说法是,火星的防空系统太棒了!"深空 2 号与火星极地着陆者一同飞向火星,按原计划,它应该在火星极地着陆者着陆前 10 分钟与之脱离,然后以 643km/h 的速度飞向火星表面(图 2-36)。如果一切顺利,深空 2 号应在 12 月 3 日向地面发回信号,然而美国宇航局的地面控制人员一直未收到来自深空 2 号的回音。科学家说,根据火星极地着陆者最后一次发回的数据判断,火星极地着陆者以及深空 2 号探测器有可能坠落到火星南极沙丘附近的一个撞击坑里了。他们说:"这是最糟糕的事情,由于那里温度低到 $-121\,℃$,深空 2 号的电池无法在这样的环境下工作,因此不能向外发出信号。"

图 2-36　火星极地着陆器艺术想象图

自此 20 世纪的火星探测历程告一段落。所有成功的火星探测计划发回的数据都表明,火星上没有"运河";没有地表流水;大气层很薄,与地球表面 2 万 m 高空的大气密度差不多;没有全球性磁场,所以太阳风带着致命的辐射在火星表面肆虐横行。之前人类所有的幻想都被打破了,火星上并没有发现生命,甚至连生命存在的条件都几乎没有。很难想象火星上的景象是如此荒芜,如此凄凉,如此死寂。

2. 21 世纪初

21 世纪以来美国的各项火星探测计划都开展得比较顺利,不存在发射失败或未完成探测任务的情况,甚至许多探测器的工作年限都大大超出了预期寿命。欧洲航天局和俄罗斯,甚至印度等国也都纷纷参与到了探测火星的活动中,各国、各机构的航天器竞相发射升空。将探测器送入火星不再是一种比赛式的竞争,而是为了揭开更多关于太阳系及行星的奥秘。

21 世纪以来各种探测器实现了对火星的飞越探测、轨道器探测、无人着落探测等探测方式。在未来还将进行取样返回研究甚至使用航天器搭载人类登陆火星进行实地研究。从 20 世纪的水手 4 号、水手 9 号、海盗 1 号、海盗 2 号,到 21 世纪的火星奥德赛号、火星快车、勇气号、机遇号、火星勘测轨道器、凤凰号、好奇号、美文号、曼加里安号、ExoMars 等探测计划早已将火星的神秘面纱揭开,不满足于直观地看到火星,这些探测器还将深挖隐藏在火星表面之下的行星形成演化之谜,比如 2018 年发射的洞察号探测器便是人类历史上首个旨在对火星内部结构进行探测的任务,目前仍在火星表面工作。

1)火星奥德赛号

2001 年 4 月 7 日,美国成功发射火星奥德赛号(Mars Odyssey)(图 2-37),其主要任务是寻找火星上水与火山活动的迹象。这次任务的名称是根据电影《2001 太空漫游》来命名的。在执行该任务的早期,奥德赛号发现了一条对于未来载人登陆火星任务至关重要的信息,即低火星轨道处的辐射对健康的影响有可能是低地球轨道处的两倍。几年间,火星奥德赛号已经收集了 130 000 多张图片,以及有关火星地质、气候和矿物学的信息。通过这些探测数据,科学家可绘制火星矿物和化学

图 2-37 火星奥德赛号探测器
（据 NASA/JPL）

元素的分布图,并识别哪些地区有水冰分布。

按照计划,火星奥德赛号进入火星轨道后将利用科学仪器对火星进行为期两年半的观测,然而火星奥德赛号在火星上的工作寿命远远超过了预期年限,是目前工作时间最长的火星探测器。它于 2001 年 10 月 23 日抵达火星,20 年间火星奥德赛号一直作为 NASA 用来与火星表面探测车和好奇号火星车通信的主要中继站。20 年来奥德赛号除了对火星地质做出了直接贡献之外,还通过通信中继服务和对其他探测车候选登陆点的观察,为 NASA 的其他火星任务提供重要支持。

2) 火星快车

2003年6月2日欧洲空间局发射火星快车(Mars Express)探测器(图2-38)。火星快车是ESA的首次火星探测计划。火星快车包括两个部分:火星快车轨道器与"猎兔犬2号"着陆器。然而很可惜的是,猎兔犬2号着陆器后来与地面失去联系,着陆任务失败。

火星快车探测器进入地球轨道后首先环绕地球飞行90分钟,随后火箭再次点火,将其送入火星转移轨道。经过长达6个月的星际远航,火星快车探测器最终进入火星周围的运行轨道,开始执行探测任务。它检测出了火星大气中的甲烷含量,同时发现了火星上曾有水的大量证据。除了科学方面的任务,火星快车探测器还提供地球与其他国家部署的火星车之间的通信中转服务,包括中国祝融号火星车探测数据的传输。

图2-38 火星快车探测器
(据ESA)

3）勇气号和机遇号

2003年6月和7月，美国先后发射勇气号（Spirit）火星车和机遇号（Opportunity）火星车(图2-39)，二者都比之前的索杰纳号大得多，更方便在火星崎岖的路面上行驶。勇气号于2004年1月4日成功着陆在火星南部赤道附近的古谢夫撞击坑中央。一开始科学家以为着陆点是一个干涸的河床，后经证明它只是被火山岩覆盖的平原地区。勇气号最初设计的工作时间约为90天，但最终时间被大大延长了，它一直工作到了2011年。

2007年，勇气号在火星的哥伦比亚山内部的"本垒板"（Home Plate）处发现了层状岩石，这项发现可能为古谢夫撞击坑盆地过去存在水提供了线索。勇气号在"本垒板"还发现了"火山弹沉降"(图2-40)，即火山爆发时抛射出的火山碎块在大气中飞行一段距离后重新落回地面撞击形成的凹陷。而喷发出的岩石撞击柔软的沉积层形成的凹陷正是火山活动的有力证据。

图2-39　行驶在火星表面的机遇号火星车(艺术示意图)

(据 NASA/JPL)

图 2-10 火山弹沉降是火星上曾经存在火山喷发现象的证据
(据 NASA/JPL–Caltech/USGS/Cornell University)

勇气号在火星上工作的几年内,在可伦比亚山周围发现了赤铁矿、硫酸盐和二氧化硅等。地球上的赤铁矿一般在湿润的环境下形成,而含有硫酸盐的土壤通常表明火星上曾经存在咸水,因水分蒸发而导致盐分凝结。这都是火星上曾经有水的直接证据。

2009 年 5 月,勇气号通过特洛伊沙地时,车轮陷入软土导致其无法动弹,之后的观测一直被限制在原地。为此美国宇航局还专门组织过多次旨在拯救受困的勇气号的行动,但最终都以失败告终。2010 年 1 月 26 日 NASA 宣布放弃拯救,勇气号从此转为静止观测平台。2011 年 3 月 22 日,NASA 最后一次联络上勇气号。2011 年 5 月 25 日,勇气号任务宣布结束。在勇气号工作期间,总共拍摄了超过 127 000 张照片。借助探测车上的分光计、微观成像设备以及其他工具对火星岩石和土壤进行了分析。勇气号还在当地发现了火山活动迹象,过去曾经存在水,还有强烈的沙尘暴等现象。另外它还在哥伦比亚山附近地区发现了各种其他的岩石,表明早期的火星表面是由陨石撞击作用、火山爆发和地下水影响共同形成的。

机遇号是勇气号的双胞胎,在勇气号降落的 3 周后,于 2004 年 1 月 25 日降落在火星上的子午线平原。

机遇号在着陆地点附近检测到了赤铁矿,这些圆球状的赤铁矿被称为"火星蓝莓"(图 2-41)。赤铁矿在地球常见于湖泊和海洋沉积物中,因此许多科学家认为老鹰撞击坑也是一个干涸的河床,这里曾经应该是一片浅湖。

机遇号于 2013 年抵达"植物湾",并爬上了大约 135m 高的小坡俯视"奋进"撞击坑。同年 5 月,机遇号在约克角(Cape York)发现了一块名为狮石(Esperance)的岩石。据探测车上的 α 粒子 X 射线光谱仪(APXS)的数据,狮石的组成与其他岩石相比,具有更高的铝和硅的含量,而钙和铁的含量比其他岩石低,意味着狮石的成

图 2-41 "火星蓝莓"
(据 NASA/JPL-Caltech/USGS/Cornell University)

分主要为黏土矿物,是由火星上含水量的强烈改变所导致。

2015 年 3 月 24 日,机遇号在火星上行驶的全程总距离为 42.198km,超过了奥运会马拉松 42.195km 的距离。为纪念机遇号完成第一次火星上的马拉松里程,将机遇号此次行进的目的地命名为"马拉松谷"(Marathon Valley)。机遇号的研发团队选择马拉松谷作为一个研究目的地,因为 NASA 的火星勘测轨道器上的火星侦察成像光谱仪(CRISM)在此取得证据,证明了黏土矿物的存在,还发现了火星过去存在潮湿环境的线索。

2016 年 10 月,机遇号火星车开始进行为期两年的延长任务。2016 年 10 月 7

日,机遇号探索了奋进坑西缘苦根谷(Bitterroot Valley)的勇气土堆(Spirit Mound)旁的暴露岩石。这是新扩展任务的3个主要科学目标之一,即寻找并研究奋进坑被小行星撞击之前地层的岩石。第二个主要科学目标是对比奋进坑内和坑外的岩石。来自康奈尔大学的机遇号首席研究员史蒂夫·斯奎尔斯(Steve Squyres)说:"我们可能发现坑外这些富硫酸盐的岩石与坑内岩石不同,由于水往低处流,所以我们相信这些富硫酸盐岩石的形成过程与水有关。撞击坑内含水的环境与坑外的平原不同,也许是形成的时间不同,也许是化学成分不同。"随后,机遇号要完成的第三个科学目标是驶进一处由于流体冲刷形成的沟渠,研究这个沟渠是否是由泥石流,或主要成分是水并含有少量其他成分的流体冲刷而成。

2017年机遇号迎来了它在火星上的第8个冬天。它于2017年3月21日从奋进坑北部进入这个探索区域,接近奋进坑边缘的"苦难角"区域的南端(图2-42)。它于2017年5月4日到达毅力谷(Perseverance Valley)的顶峰,研究人员计划让机遇号一路从山谷向下进入奋进号撞击坑内部,探寻毅力谷的成因。

机遇号和勇气号在火星表面的探测过程中,还发现了多块陨石(图2-43)。这些陨石都是铁陨石,由于这些铁陨石与火星岩石的差异明显,因此比较容易识别。

图2-42 机遇号在火星地表的行驶路线(部分)
(据 NASA/JPL-Caltech/University of Arizona/New Mexico Museum of Nature History&Science)

图 2-43　火星表面发现的陨石（据 NASA/JPL）

　　机遇号在维多利亚撞击坑附近发现了 6 块拳头大小的铁陨石，这可能是撞击火星形成维多利亚撞击坑的陨石碎块。

　　2018 年 6 月初，火星上发生了一次全球规模的沙尘暴。此次沙尘暴对机遇号所在地区产生了严重影响：短短数日内，大量沙尘在机遇号本就已经严重老化的太阳能板上堆积，导致其产生的电力急剧下降，再也无法维持最低限度的通信联络。

　　2018 年 6 月 10 日，机遇号最后一次与地球联系。美国宇航局进行了各种尝试，试图恢复与机遇号的通信联络，但都没有成功。

　　2018 年 10 月，当沙尘暴完全散去，机遇号仍然没有回音。科学家们一度希望 2018 年 11 月到 2019 年 1 月的多风天气能吹掉一些太阳能板上的尘土，帮助机遇号苏醒过来，但是这一希望最终还是落空了。2019 年 2 月 13 日，美国宇航局正式宣布，这一原计划 3 个月，但持续了 15 年的火星探测传奇就此终结。

　　4）火星勘测轨道器

　　2005 年 8 月 12 日美国成功发射火星勘测轨道器（Mars Reconnaissance Orbiter, MRO）（图 2-44）。这项计划以前所未有的高分辨率对火星进行详细考察，并且为后来的火星着陆探测任务寻找适合的登陆地点，同时为这些任务提供高速的通信中继服务。该探测器运行良好，其中高分辨率相机获得了前所未有的高分辨率图像数据(空间分辨率约为每像素 0.3m),使得人类可以看到火星表面更微小的、书本大小的形貌变化特征。这种能力不仅为人类提供了惊人详细的火星地质结构和视图,而且有助于查明存在可能危及未来着陆器和漫游车的安全风险。火星勘测轨道器上的科学载荷还能更精确地确定火星地下水冰的分布,是科学选择今后勘探地点必须考虑的一个重要因素。

火星勘测轨道器在火星上最令人兴奋的发现之一,是复现性斜坡纹线(RSL)(图 2-45)。复现性斜坡纹线是一种在火星山丘斜坡上发现的手指状阴影条纹,它们在火星温暖的季节里出现,并随着温度上升而向山丘下延伸,到了寒冷季节就会消失。火星勘测轨道器发现复现性斜坡纹线中有液态水流动痕迹,推测复现性斜坡纹线是由咸水流动产生的,这意味着火星表面很可能有液态水活动,但并无直接证据直接指向液态水或水合盐物质的存在。

图 2-44　火星勘测轨道器(MRO)示意图

(据 NASA/JPL)

图 2-45　火星牛顿撞击坑坑壁上季节性出现的暗纹

(据 NASA/JPL-Caltech/University of Arizona)

随后，在2015年9月28日，佐治亚理工学院的奥杰哈和他的研究团队在《自然·地质学》发表报告称，他们分析了火星勘测轨道器获取的火星表面4处地点的复现性斜坡纹线的光谱数据，发现数据与水流沉淀形成的水合盐矿物的光谱信号一致，而周围地貌却没有盐的光谱信号。这意味着这些沟壑中很可能存在含盐矿物质，而这类矿物质的生成离不开水。美国亚利桑那大学的研究人员则认为，即使火星表面存在液态水也不会是滔滔江河，而是以"湿润土壤"的形式存在。同时，既然火星表面存在液态水，很有可能还会存在地下水，这些都是火星生命可能存在的重要条件。

2017年是火星勘测轨道器在火星上工作的第12年，而其最初的设计寿命是两年，任务目标是研究火星的气候、天气、大气层和地质情况，并在极地和地下寻找液态水的迹象。然而十多年过去了，火星勘测轨道器仍在火星上兢兢业业工作，火星勘测轨道器上装载的高分辨率成像科学实验(HiRISE)照相机记录下了上万张火星上的沙丘、撞击坑、山谷、极地冰盖等的高分辨率图像。高分辨率成像科学实验照相机相当于一架0.5m反射望远镜，也是有史以来用作进行深空任务的最大规模望远镜，它可以看到火星表面小到0.3m的细节。

5) 凤凰号

2007年8月4日，美国成功发射凤凰号(Phoenix)火星着陆探测器(图2-46)。其主要目的是将一枚着陆器送往火星的北极地区，对火星的极地环境进行探测，使用机械臂对火星土壤进行采样，并将挖掘所得的土壤样本送回凤凰号，以先进的仪器对土壤中的水冰加以分析。凤凰号于2008年11月10日停止工作。

凤凰号首次直接观测到火星高纬度地区浅表层存在水冰。在2008年6月19日，NASA宣布在其搭载的机械臂掘开的凹槽内发现了一些明亮的物质，并且在短短4天时间里便蒸发消失了(图2-47)。这种情况强烈暗示这些白色物质可能是由水冰组成的，其因为暴露在外而升华消失。虽然干冰也会升华，但在该地的温度压力条件下应该会以更快的速度发生。另有一个样品在最初的加热温度达到0℃时,

图 2-46　凤凰号火星着陆探测器（据 NASA/JPL/UA/Lockheed Martin space systems company）

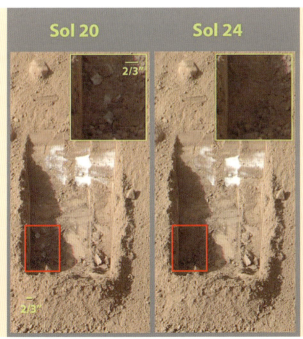

图 2-47　凤凰号火星着陆探测器在火星北极附近挖掘出来的水冰物质（据 NASA/JPL–Caltech/University of Arizona/Texas A&M University）（可以看到随时间推移，部分水冰挥发消失了）

热与蒸发气体分析仪(TEGA)的质谱仪检测到了水蒸气的信号。

2008年8月凤凰号检测到土壤中的高氯酸盐,这是一种氯盐,在加热到200℃时是一种强氧化剂,很容易与其他化学物质发生反应。一些行星地质学家认为这种高氯酸盐在火星的土壤中可能很常见,但是仍然还没有找到火星上有生命的证据。

6)好奇号

2006年开始,NASA就准备向火星发射好奇号火星车(图2-48),其正式名称叫作"火星科学实验室"(MSL),主要是为了探索火星表面是否存在过或存在适合微生物的生存的环境。NASA面向全世界科学家征集好奇号火星车的登陆备选点。到2011年6月,科学家一共召开了5次登陆点选择的研讨会,从众多登陆备选点中选出了4个,分别是马沃斯峡谷(Mawrth Vallis)、盖尔撞击坑(Gale Crater)、霍尔登撞击坑(Holden Crater)及埃伯尔斯维德撞击坑(Eberswalde Crater)。通过后续的讨论和认证,最终选择了盖尔撞击坑(图2-49)作为登陆地点。盖尔撞击坑拥有约5km厚的成层岩石,科学家期待在那里找到生命或者生命的痕迹,并且评估存在过或存在适合微生物生存的环境。

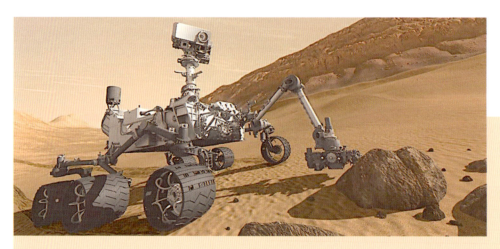

图2-48 好奇号火星车
(据NASA/JPL-Caltech)

图 2-49　好奇号火星车在火星上的着陆地点：盖尔撞击坑
（据 NASA/JPL-Caltech/ASU/UA）

2011 年 11 月 26 日，NASA 在卡纳维拉尔角空军基地成功发射好奇号。好奇号火星车（图 2-50、图 2-51）携带了大量大型、高级的科学仪器，无论从个头上，还是功能上而言，它都远远超越以往任何到达火星表面的着陆器或火星车。2012 年 8 月 6 日，好奇号在经历了"恐怖 7 分钟"后成功着陆在火星表面。

图 2-50　好奇号的自拍照
（据 NASA/JPL-Caltech/MSSS）

图 2-51 好奇号与机遇号/勇气号及火星探路者的比较

(据 NASA/JPL)

好奇号计划在火星上工作 3 年,通过钻取岩石和铲取土壤进行分析,获得关于火星气候与地质情况的信息。借助火星车上搭载的先进科学仪器,科学家们将有可能反演火星远古时期的环境情况,进而搜寻火星上曾经存在过生命的证据。好奇号还有一个重要任务,那就是尽量高地爬上不远处的伊奥利亚山(Aeolis Mons),然后分析那里的沉积岩。好奇号在着陆区附近区域已经发现了表面松散的砾石和砾岩层,这些都是液态水流动才能形成的,从而证明了该区域曾经存在流动的水体。

2012 年 8 月 19 日,好奇号首次使用高能激光枪击打火星岩石,以期分析火星岩石矿物成分。好奇号利用机械臂末端的钻头钻取了火星表面一块基岩的样品,这是首次通过钻探获取火星岩石样本。NASA 称这是好奇号自抵达火星以来所取得的最大的、具有里程碑意义的成就。

2012 年 9 月,好奇号火星车在火星上拍到了日食的照片(图 2-52)。地球上的日食是因月球从太阳和地球之间穿过形成,而火星上的日食则由火星的两颗卫星遮挡太阳所致。

图 2-52 好奇号拍摄的火星日食
（据 NASA/JPL）

  NASA 还在好奇号传回的火星照片上发现盖尔撞击坑北部边缘和夏普山（Mount Sharp）之间有许多已经聚合成砾岩的碎石，这些碎石应该是非常湍急的河水流过时带到这里的。根据这些碎石的大小和形状，测算显示这条古老火星河流的流速大约为 0.9m/s，深度大概齐腰。一些碎石已经被磨得十分圆滑，证明它们是经过了漫长的旅程到达这里的。

  2013 年 9 月，好奇号火星车发现按质量计算火星表面土壤中含有大约 2% 的水分，这意味着每立方米的火星土壤能够获得约 30L 的水。美国伦斯勒理工学院和 NASA 等机构研究人员 2013 年 9 月 26 日在《科学》杂志上报告说，他们利用好奇号携带的样本分析仪，将其登陆火星后获得的第一铲细粒土壤加热到 835℃ 的高温，结果分解出水、二氧化碳以及含硫化合物等物质，其中水的质量约占 2%。伦斯勒理工学院的劳里·莱欣说："现在知道火星上应该有丰富的、可轻易获得的水，这是最令人激动的结果之一。今后如果有人登上火星，只需在火星表面铲起土壤，然后稍稍加热，就可获得水。"

  2014 年 12 月 8 日，NASA 最新采集到的数据揭示了火星盖尔撞击坑中心位置的夏普山的形成之谜：夏普山极有可能是由数百万年前大型河床的沉积物累积、风化形成的，而这对证明火星上曾存在湖泊的假设给出了有力支持。好奇号在夏普山采集到的信息表明，火星曾在较长的时间里存在过比较温暖的气候，平均温度高于 0℃，这给湖泊等水循环系统的出现提供了可能。在这段时间内，盖尔撞击坑可能多次变成湖泊又多次蒸发干涸，湖泊中的沉淀物经历不断的风化，层层交替累积形成了夏普山。

2015年6月18日，好奇号探测器在火星大气中检测到了甲烷，推测火星上甲烷浓度较高的地方可能有微生物存在。有一种可能性是，火星上或许存在一个与在地球上类似的生物圈，而吸收甲烷的微生物则存活在火星表层的土壤之中。当然更大的可能是，这些甲烷是水与岩石作用的反应物，而与生物无关。

2017年1月好奇号连续两天对一处沙波纹进行拍摄，发现沙波纹的纹路发生了不小的变化（图2-53）。同年6月，NASA宣布好奇号在盖尔撞击坑内找到了远古时期湖泊存在的证据，并证明当时的盖尔撞击坑地区曾经拥有适宜微生物生存的环境条件。好奇号发现的矿物化学证据表明，当时这个湖泊水面下存在分层，表层含氧量相对更高，而深处相对缺氧，这种情况可以为微生物提供多样化的宜居环境。

图2-53 好奇号轮子下方沙波纹的纹路变化
（据NASA/JPL–Caltech/MSSS）

2018年3月22日,好奇号迎来在火星上工作的第2 000天,NASA专门为此进行了庆祝活动。同年6月,火星上发生了一次全球性的超大规模沙尘暴。这次沙尘暴直接造成了依赖太阳能提供电力的机遇号火星车"遇难"。但由于采用了核动力发电,好奇号火星车受到的影响不大。

2019年2月1日,NASA宣布好奇号火星车首次测定了盖尔撞击坑中间位置夏普山的山体物质平均密度,这将极有利于地质学家们评估这座高山的成因。

4月4日,NASA又对外发布了好奇号拍摄的两颗火星的卫星火卫一以及火卫二凌日的动画——这可是火星版的"日食"——尽管因为"月亮"实在太小,没办法把太阳完全挡住。

就在你阅读这些文字的时候,好奇号仍行驶在火星表面,继续着自己作为一位"机器人地质学家"的科学使命。

7)美文号

美文号(Maven)(图2-54),全名"火星大气与挥发物演化探测器"(Mars Atmosphere and Volatile Evolution),是NASA第一个以研究火星大气为主要任务的火星探测器,目的是调查火星的大气是如何变得如此稀薄且干燥的。美文号于2013年11月19日由"宇宙神-5"运载火箭发射,2014年9月22日进入火星轨道,在火星轨道上以最近距火星150km、最远距火星6 300km的距离观察火星的大气层。同年11月16日正式开始火星上的科学任务。美文号有4个主要科学目标:了解从大气逃逸至太空的挥发物及其在大气演化中所扮演的角色,进而了解火星大气、气候、液态水和行星宜居性的历史;了解当今上层大气与电离层的状态,以及与太阳风的交互作用;了解当今中性粒子与离子从大气层逃逸的状况与相关机制;测得大气中稳定同位素的比例,以了解大气随时间流失的情况。

2017年4月,美文号发现了火星大气中具有高电荷的金属原子(离子),这些金属原子(离子)可以揭示火星神秘的带电的高层大气(电离层)中以前人类未知的活动。而了解电离层活动,有助于揭示火星大气是如何消失的。研究发现,金属离子来自持续撞击到火星上的小型陨石雨。当高速陨石尤其是彗星穿越火星的大气层

图 2-54 美文号火星探测器示意图
(据 NASA/Goddard Space Flight Center)

时,它会被蒸发,而蒸气尾迹中的金属原子会使一些电子被电离层中其他带电的原子和分子撕裂,将金属原子转变成带电的离子。据我们所知,在整个太阳系中,造成流星雨的星际尘埃随处可见,所以所有的太阳系行星和具有大气的卫星的大气层中都有金属离子。然而,研究发现火星大气中的金属离子分布与地球上的有所不同,因为地球内部磁场较火星来说强得多,地球大气层中的金属离子被地球磁场吸引,使得金属离子成层环绕地球。而火星的磁场微弱,所以,火星大气中的金属离子分布较为分散。目前,美文号的任务仍在继续。

8)曼加里安号

曼加里安号(Mangalyaan,MOM)火星探测器于印度标准时间 2013 年 11 月 5 日 14:38 于印度东海岸的斯里赫里戈达岛(Shriharikota)航天发射场升空

(图 2-55),是印度发射的首颗火星探测器。这项火星任务是印度的首个行星际探测任务,印度也由此成为继俄罗斯、美国、欧洲之后第四个成功进行火星任务的国家(组织),也是亚洲第一个成功实施火星探测任务的国家。

9)"微量气体轨道器"与斯恰帕拉利号着陆器

斯恰帕拉利是 ESA 与俄罗斯合作的"火星生物学"(ExoMars)探测计划的一部分。斯恰帕拉利号试验着陆器以 19 世纪意大利天文学家斯恰帕拉利的名字命名,主要任务是"测试进入火星大气、下降和着陆"技术,以便为欧俄 2020 年发射火星登陆器做准备。其携带的多种仪器可协助地面专家分析火星大气的密度、压力、温度等情况。该试验着陆器由 2016 年发射的微量气体轨道器搭载飞往火星(图 2-56)。

图 2-55 曼加里安号发射升空
(据 ISRO)

图 2-56 欧洲火星生物学项目三大探测器示意图(据 ESA)
(从左到右分别是:微量气体轨道器、斯恰帕拉利着陆器,以及"罗莎琳德·富兰克林"火星车)

10)洞察号

洞察(InSight)号火星探测器作为 NASA 深空探测计划的一部分,主要目标是帮助人类了解类地行星是如何形成及演化的。它作为 NASA 探测计划的一项任务(利用地震调查、测量学和热传输来探索行星内部),将在火星上放置一个专业的物探仪器来研究火星的内部。洞察号火星探测器利用所携带的先进物探仪钻入火星表面之下,探测类地行星在形成过程中所留下的"指纹"。同时还将测量火星的"生命体征":它的"脉搏"(地震)、"体温"(热流探针)和"反应能力"(精密跟踪)。洞察号火星探测器所探寻的最根本问题便是太阳系探测的主要目标之一——类地行星是如何形成的。

NASA 原本计划于 2016 年 3 月发射洞察号火星探测器,但由于技术原因需要重新设计仪器,所以延迟到下一个发射窗口发射。最终,洞察号于 2018 年 5 月 5 日从美国西海岸的加州范登堡空军基地发射升空,它也成为美国历史上第一颗从西海岸升空的行星际探测器。2018 年 11 月 26 日安全着陆到火星艾丽斯米平原(Elysium Planitia)。

在安全着陆之后,地面科研人员对探测器的各项状态进行了最后的远程确认,随后开始按计划进行各项地面设备的布放,包括地震仪的布放(图 2-57)。

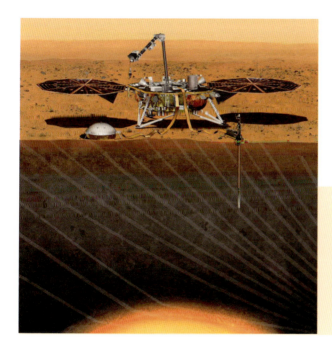

图 2-57　洞察号着陆器的机械臂部署地震仪和热探头的概念图
(据 NASA/JPL-Caltech)

2019 年 4 月,NASA 宣布,洞察号着陆器的地震仪很有可能已经记录下首次火星地震,或者叫"火震"的信号(图 2-58)。

21 世纪初发射的这 10 枚火星探测器全部取得了巨大的成功,不但完成了预定的任务(拍摄了大量火星的照片,采集了火星的岩石和土壤样品进行分析,分析了火星大气成分,在火星上发现了曾经有水的证据,发现了火星上可能存在生命的证据等),甚至有些探测器超过预计工作时限很多年,目前仍然在火星上工作。它们

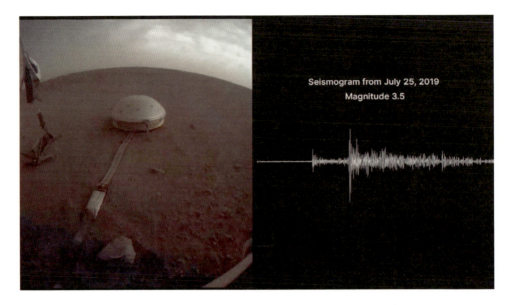

图 2-58　洞察号在 2019 年 7 月初记录下的疑似首次火星地震信号（据 NASA）

的工作为以后的火星采样返回任务，甚至使用航天器搭载人类登陆火星进行实地研究奠定了重要基础。

2020 年年中，火星发射窗口再次开启，人类又迎来了一次火星探测器发射的小高峰：除了美国以外，中国和阿联酋也首次参与到火星探测中来，而原先也计划在本年度发射火星探测器的欧洲空间局（ESA），则由于受到疫情影响和一些技术原因，其 ExoMars 2020 火星车任务未能赶上本轮发射窗口，将会被推迟到 2022 年的下一次窗口期实施发射。

11）阿联酋"希望号"

希望号火星任务，也被叫作"阿联酋火星任务"（EMM），是阿联酋，也是阿拉伯国家发射的首个火星探测器。发射时，希望号总质量（包括燃料）大约 1 500kg，长 2.9m，宽 7.78m，大小与质量都和一辆小汽车相当（图 2-59）。

希望号探测器于国际标准时间 2020 年 7 月 19 日从日本发射升空，经过大约 7 个月的飞行后，最终在 2021 年 2 月 9 日成功进入火星轨道。此次任务的成功也

图 2-59　厂房中正在进行组装的阿联酋希望号探测器（据阿联酋航天局）

让阿联酋成为继印度之后，亚洲第二个成功将探测器送入火星轨道的国家。

希望号的计划寿命是 1 个火星年（687 天），但如果一切顺利，会再延长一个火星年，预计最多可以工作到 2025 年之后。

总体而言，希望号是一颗火星气象气候卫星，其搭载的科学载荷数量较少，仅有 3 台，但基本都与大气观测有关，分别是：①阿联酋探索成像仪（EXI）。这是一台多光谱成像仪，能够获取 1 200 万像素（12 mega-pixel）的火星可见光图像。EXI 还能够利用紫外波段对火星水冰分布和低层大气进行监测。②阿联酋火星红外光谱仪（EMIRS）。EMIRS 可以透过红外波段观察火星，用于观察大气尘埃厚度、冰晶云和水汽分布，还可以测定火星地表与低层大气温度。③阿联酋火星紫外光谱仪（EMUS）。EMUS 通过远紫外波段观察火星高层大气。它将确定大气热层中一氧化碳和氧气的分布，同时也将测量氧和氢在散逸层中的分布。

希望号将研究火星气候系统，首次提供火星全球气候的日变化和季节变化数据。与此同时，希望号还将监测火星大气高层（散逸层）的氢和氧分布。它还将致力于理解火星低层大气中气候变化与高层大气中氢和氧的流失之间存在的关联性。这将有助于我们理解火星气候转变与大气流失之间的关系,而这一点可能对于过去数十亿年间火星从一个拥有浓厚大气层、气候湿润的行星转变为今天这样的荒芜世界有着重要意义。

希望号运行在远火点4.3万km、近火点2万km的椭圆轨道上,轨道周期55小时,轨道倾角大约25°。在此之前从未有任何火星探测器采用这样的轨道,大多数火星探测器飞临火星某个点上空的时间都刚好是每天中当地的同一个地方时,如此就无法观察该地一天中的变化情况,这也让"希望号"具备了自己独特的优势,可以对同一个对象进行不同时段的观测,有望获取有价值的信息。

12)美国"火星2020"任务

火星2020(Mars 2020)是美国宇航局火星探测计划的一部分,最早是在2012年12月4日NASA于旧金山召开的美国地球物理联盟秋季会议上首次对外公布。此次任务瞄准解决火星探测问题中高优先级的问题,如火星上是否潜在生命这一关键问题,不仅要在火星上寻找过去是否存在宜居环境的线索,还要寻找过去是否存在过微生物生命的迹象。

火星2020主体是毅力号(Perseverance)火星车以及一架小型共轴直升机机智号(Ingenuity)(图2-60、图2-61)。此次任务主要开展天体生物学以及宜居环境考察,开展旋翼飞行试验,并作为未来火星取样返回任务,以及载人火星登陆任务的先导任务。

火星2020的主要目标有:

(1)通过各项科学载荷,搜寻过去和现代宜居环境甚至微体古生物化石的痕迹。

(2)测试验证更加成熟的高精准着陆技术,不仅提升科学价值,对于未来载人登陆也具有重要意义。

(3)通过机智号直升机,首次验证在火星大气中进行旋翼机飞行的技术可行性。

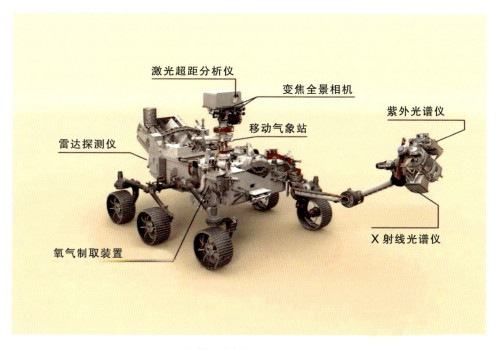

图 2-60 毅力号火星车及其装备

(4) 携带了所谓"样本获取系统",针对一些特别有价值的地点,进行取样并封存到金属细管中保存,等待未来火星取样返回任务将其带回地球开展研究。

(5) 测试利用火星大气二氧化碳制造氧气的技术。

毅力号火星车造价高达 27 亿美元,成为史上最贵的火星车。大家一定很好奇,到底它的配置有多高,花费这么多?

纵观这台火星车,主要有 3 部分:火星车、火星车上搭载的仪器和一个直升机。火星车是靠核动力驱动的,尺寸(3m×2.7m×2.2m)和质量(1 025kg)也远大于以前的机遇号和勇气号,比好奇号也要大一些,造价自然不菲。全球第一台火星直升机,螺旋桨的转速达 2 400r/min,是地球上直升机螺旋桨转速的 8 倍,其发动机和旋转机构也非等闲之辈。这里我们重点看看火星车上的科学仪器,它们是完成科学任务的依靠。

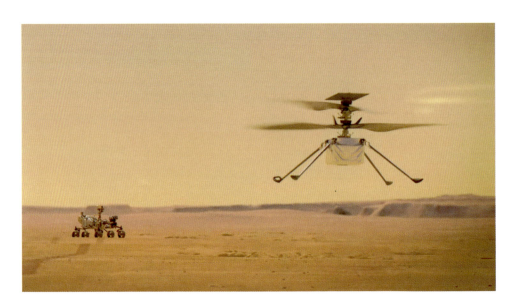

图 2-61　火星 2020 示意图（据 NASA）
（包括毅力号火星车，以及机智号火星直升机）

这台火星车携带的仪器有几十台，各类相机就有 23 台之多。最主要的仪器有以下 7 台：

（1）安装在桅杆上的变焦全景相机（Mastcam-Z），获取高清晰的全景和立体图像，用于导航及识别火星表面岩石的成分。

（2）激光超距分析仪（SuperCam），利用高清相机、激光和光谱仪对火星上的岩石和土壤成分进行远距离分析。

（3）X 射线光谱仪（PIXL），利用 X 射线进行矿物识别，同时还装配有微距相机，能够看清非常细小的火星沙粒。

（4）紫外光谱仪（Sherloc），利用紫外激光对矿物和有机物质进行分析，这将是火星上第一个紫外拉曼光谱仪。这台仪器上还安装了一台高分辨率的彩色相机，为首次使用。

（5）氧气制取装置（Moxie），将通过化学反应从火星大气的二氧化碳中制取氧气，为首次使用。

（6）移动气象站（MEDA），能够对火星大气的温度、气压、风速、风向、相对湿度以及沙尘的大小和形状进行记录。

（7）雷达探测仪（RIMFAX），利用雷达对火星表面之下的地质结构进行探测，能够达到厘米级别的分辨率。这是首次在火星上使用。我国的祝融号火星车也有雷达探测仪。

上述仪器协同工作，主要完成以下 4 项任务：①寻找远古火星存在过生命的痕迹；②收集岩石和土壤样本，为未来的火星采样返回做准备；③探索着陆区域的地质多样性；④为未来的火星探测任务验证新技术。

截止到本章节撰写时，火星 2020 任务已经实现了一系列的"人类第一次"。首先是在 2021 年 4 月 19 日，机智号火星直升机成功进行了第一次测试飞行，美国东部时间 4 月 19 日清晨 6:46（北京时间当天 18:46）接收到机智号直升机通过毅力号火星车转发来的信号，确认首次测试飞行已经成功。

首次测试飞行采用原地升降，离地时间是在 4 月 19 日美东时间 3:34（北京时间当天 15:34），火星当地时间是 12:33，项目组认为这一时间光照最佳，是最适合这架太阳能驱动直升机飞行的时间。高度数据显示机智号飞到了预定的高度（约 3m），并悬空保持高度大约 30s。随后开始下降，到着陆时一共飞行 39.1s。

这是人类历史上首次实现在另一颗星球上的动力飞行，其意义堪比 1903 年美国莱特兄弟首次实现飞机飞行。为了纪念莱特兄弟对人类航空技术做出的贡献，美国宇航局将机智号起飞的地点命名为"莱特兄弟机场"（Wright Brothers Field），这也是人类在地球之外的第一个机场；有趣的是，国际民航组织（ICAO）也已经向 NASA 以及美国联邦航空管理局（FAA）通报，给予机智号直升机正式民航代码：IGY（表示 Ingenuity）。

在这之后，机智号分别在 4 月 22 日、4 月 25 日、4 月 30 日和 5 月 7 日进行了第二、第三、第四和第五次测试飞行，最高上升到了 10m，飞行距离最长达到 266m。

到 2021 年 7 月 24 日直升机已经完成了 10 次飞行。在第 10 次飞行中，机智号飞行了 95m 的距离,并达到了创纪录的 12m 的高度。这 10 次飞行的全部距离,累计超过了 1 英里(1 英里≈1.6m)。这次飞行也是所有飞行中最复杂的一次,直升机在经过 10 个不同的航路点时进行了多次机动。作为这次飞行任务的一部分,机智号被派去探索耶泽罗撞击坑的隆起山脊,这是美国宇航局毅力号探测器着陆点以南的岩石区域。飞行过程中获得的图像将用于引导探测器未来探索之旅。

其次,就在机智号首飞一天后,2021 年 4 月 20 日,也就是毅力号着陆火星之后的第 60 个火星日,它开展了首次利用火星大气二氧化碳成分制造氧气的实验,并取得了成功。很显然,这一实验的意义是面向未来载人火星任务的,氧气并不仅仅可以用于宇航员的呼吸,还可以用作火箭推进剂。将来载人登陆火星之后,宇航员们需要就地取材,在火星上制造氧气,用作返回地球的燃料。

火星大气中 95% 是二氧化碳。氧气制取装置的原理是将二氧化碳分子中的氧原子分离出来,这一过程产生的废气(一氧化碳)则会被排放进入火星大气。转化的过程需要高温,必须加热到大约 800℃。为了达到这种高温,制氧装置使用了耐热材料,包括 3D 打印的镍合金部件,用于加热或冷却流经它的气体;制氧装置的外层镀了一层薄薄的金膜,它可以反射红外线,从而防止内部的热量外泄,威胁毅力号其他部件的安全。在其首次试验中,生产出的氧气生产量比较少,大约 5g,大约可以供一位宇航员呼吸 10 分钟。制氧装置的设计指标是每小时可以产生大约 10g 的氧气。

按照计划,在一个火星年内,氧气制取装置还将至少开展 9 次氧气提取实验,对设备性能和潜力做进一步测试。

8 月 6 日,毅力号火星车开展了第一次打钻取样(图 2-62),火星车共携带了 43 个取样管,但是非常遗憾,没有火星岩石或泥土进入取样管。计划让毅力号用 2.1m 长的机械臂末端的冲击钻,从火星岩石上钻出的洞中提取材料,填满至少 20 个取样管。这次取样失败有点蹊跷,钻孔打成了,但是样品没有能够进入取样管中(图 2-63)。据说,在以往的地面试验中没有遇到类似情况。

图 2-62 毅力号的第一孔(据 NASA)

图 2-63 钻孔打得很成功,只是没有取出样品(据 NASA)

当然,以前有过一些意想不到的岩石或泥土给火星机器人设置障碍的先例。例如,好奇号在盖尔撞击坑内岩石上钻孔,结果发现这些岩石比预期的更硬或更脆。而洞察号火星着陆器上的热探针未能像计划的那样钻入地下,可能是受到了未知的灰尘和黏性灰尘的阻碍。显然,在地外星球上开展探测,可能会遇到各种意想不到的情况。好消息是,毅力号的第二次和第三次取样都成功了,样品顺利地装入到了比铅笔略粗的样品管内,等待下次任务去收集并带回地球。

目前 NASA 计划在 2030 年左右将人类送上火星,在此之前必须全面了解火星的气候、地质环境等。火星 2020 的毅力号火星车将为我们展示如何就地取材,利用火星本地的自然资源来支撑生命生存和供应燃料的关键技术。它获得的数据将帮助科研人员更好地模拟火星环境,为宇航员降落火星后在火星表面的生存和活动进行全面演练,从而保障宇航员在火星上的安全。

火星上没有臭氧层,而在地球上,臭氧层是保护生物免受致命太阳紫外线辐射的一道重要屏障。由于火星缺失这道屏障,我们无法估计到达火星表面的太阳紫外线辐射量高达多少,是否会对宇航员生命安全构成威胁。因此,有必要通过火星车登陆火星探测的方式,实地检测火星表面紫外线辐射量,为科学家提供重要的数据信息,以便设计足够为宇航员抵挡辐射的防护服和生存基地。

另外,火星的土壤中含有一种"超氧化物",这种"超氧化物"在紫外线的辐射下能够分解有机分子,虽然现在还不确定它对宇航员是否具有威胁,但在宇航员登陆火星之前,探测车也必须对这些"超氧化物"和其在土壤中产生的化学作用所造成的风险进行评估。

为了实现人类登陆火星的计划,之前登陆火星的探测器都已经开始对各项人类生存的条件进行评估,从 2001 年的火星奥德赛号,就已经开始分析火星的辐射环境,各种探测器在火星上寻找水资源也是为了宇航员能够在火星上生存。探测器为人类探索火星铺平了道路,极大地提高人类长期在火星上开展任务的可能性。宇航员登陆成功后,人类终将更加全面地了解火星这颗红色星球。

知识链接　　毅力号带去的诸多花样

此时，毅力号及其携带的直升机正在火星表面工作，在期待它们顺利完成任务的同时，我们也一起来看看随同毅力号带上火星的"文创"吧，包括降落伞上的花纹、印刻在火星车不同部位的标记等。

1. 降落伞展示雄心

毅力号的降落伞由红白相间的条纹组成，排列随意，似乎没有规则，可仔细一看，却大有"玄机"。这些红白格网图案共有4圈，一格白色代表0，一格红色代表1，每圈从一堆连续的1之后开始读数，按0101的二进制转化为10进制，再把数字对应英文字母表里的顺序。里面3圈对应的字母连起来是：Dare mighty things（挑战伟大的事业）。这句话来自来美国第26任总统罗斯福的就职演讲，也是美国宇航局喷气推进实验室的口号。罗斯福这段演讲的完整意思是"挑战伟大的事业，赢得光荣的胜利，即使不幸失败，也远胜于那些既没有享受多大快乐也没有遭受多大痛苦的平庸之辈，因为他们生活在一个既没有胜利也没有失败的灰色世界里"。对于充满挑战的深空探测，这段话确实很贴切（图2-64）。

图案的最外圈，经同样方法转化为10进制后，得到的数字为美国宇航局喷气推进实验室所在地的经纬度坐标34°11′58″N，118°10′31″W。

图 2-64　降落伞红白花纹代表的摩斯密码和对应的英文字母

这个思路还是继承了上次好奇号火星车的设计。好奇号火星车是美国宇航局喷气推进实验室(JPL)设计制造的，工程师把这组 JPL 的摩斯密码设计成了轮胎花纹的一部分。于是，好奇号一边驰骋火星，一边用车辙在火星上印刻下了一个个 JPL 的"签名"。这次只是变换了方向，把摩斯密码用到了降落伞上。

2. 甲板上列队展示火星车家族

在毅力号车的甲板上，有一排不起眼的花纹，这里暗藏着另一个玄机。工程师们把火星车全家福印在了上面。从左到右依次是：旅居者号(1996)、双胞胎勇气号和机遇号(2004)、好奇号(2012)、毅力号和它携带的机智号无人机(2021)。可以看到火星车从早期很小的旅居者号，到现在的巨无霸毅力号发展的历程（图 2-65）。

图 2-65 印在毅力号甲板上的火星车"全家福"

3. 核动力电池架上存储"火星船票"

NASA 开启的特别活动"带着你的名字去火星",在全球征集志愿者,为其派发去火星的"船票"用作纪念。本次活动中,NASA 共募集到了一千多万个来自世界各地的人名与几千个火星车的名字。最终,火星 2020 漫游车被命名为"毅力号",这些名字被刻印在三个指甲盖大小的硅晶片上,并被封装在一块电镀铝牌上。2020 年 3 月 16 日,这块铝制纪念牌被正式安装到了毅力号核电池附近尾梁上方的一块标牌中,和毅力号一同登上了火星表面。

这块标牌上有一幅极简的线条画,标明了地球 – 太阳 – 火星的相对距离。在太阳四射的光芒中,同样用摩斯密码隐藏着一句话:"Explore as one"(我们一同探测火星)(图 2-66)。

图 2-66　安装在尾梁正中央的电镀铝制纪念牌（据 NASA）

4. 定标版展示地球生命形成和人类文明发展远景

为了校正火星上拍照的颜色，火星车桅杆相机上安装了一个标准颜色的定标版。就在这个小小的颜色定标版上，工程师们也赋予了地球文明的信息。

在这个主定标板上，中心凸起的杆子可以作为日晷使用，内圈 4 个环是灰度定标色块，外围的一圈则是圆形的彩色定标色块。同时，在彩色定标色块之间，还有 7 个装饰图案，分别是：1 为太阳系 4 个类地行星水星、金星、地球、火星及其环绕太阳的轨道，代表太阳系的形成和行星的演化。其中水星、金星和地球的轨道位置对应 2020 年 7 月毅力号火星发射窗口时的位置,火星的位置则对应于2021年2月毅力号着陆时的位置。2~6代表地球生命起源和演化的顺序,2为DNA链,代表地球生命的出现;3为蓝藻,代表地球上出现微生物;4为蕨类植物,代表地球上出现绿色植物;5为恐龙,代表地球上出现种类丰富的动物;6为人类。7为火箭图案,象征着人类走出地球,迈向火星和更远的太空(图2-67)。

不难看出,整个布局展示的就是太阳系形成和火星和地球等类地行星的诞生→地球生命诞生→地球生命演化→人类诞生→人类探索生命的起源,探索火星,探索太阳系。

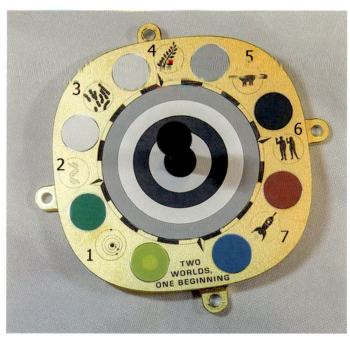

图 2-67　桅杆相机定标版上的匠心创作

(图中数字为作者所加)

在闭环处的英文"TWO WORLDS, ONE BEGINNING"（两个世界，一个起源），说的是地球和火星这两个截然不同的世界，原本都是从太阳系原行星盘中诞生的。

类似的花样，也见于勇气号和机遇号的相机定标板上的"Two Worlds, One Sun"（两个世界，同一个太阳），以及好奇号桅杆相机定标板上的"To Mars To Explore"（去火星，去探索）。

这样的设计已经很酷了，但是毅力号的这个定标版侧面，还写了几句话，翻译成中文的意思是：我们孤独吗？我们来到这里寻找火星生命的迹象，来采集火星样品带回地球研究。将来的探索者们，祝你们有平安的旅程，也有发现的喜悦。而且，最后一句中的发现的喜悦，不止使用了英文，还有简体中文、印地语、西班牙语和阿拉伯语。

2.3　中国的首次火星探测

2.3.1　梦碎"萤火"

有些读者可能不知道，在天问一号火星任务之前，中国曾经有过一次火星探测的尝试。因为早在2011年，也就是天问一号探测器发射之前9年，中国就开展了首次火星探测的尝试，这就是命运多舛的"萤火一号"火星探测器。

2007年，中国的探月工程取得了重大突破，嫦娥一号成功实现环月飞行，中国向深空探测迈出坚实的第一步。但中国航天人没有满足于此，在继续坚定推进嫦娥工程的同时，将目光转向了火星。

但由于受到当时火箭运载能力和深空测控网等方面的局限，加上中国从未有过开展行星探测的经验，因此，为了吸收相关探测经验，中国国家航天局决定与俄罗斯联邦航天局开展合作，利用俄罗斯计划实施的"福布斯－土壤"火星探测器采样返回任务中的剩余运力，搭载发射中国的首个火星探测小卫星，这就是萤火一号计划实施的背景。

萤火一号火星探测器由中国航天科技集团公司所属上海航天技术研究院负责总研制，卫星长、宽各约75cm，高60cm。两侧太阳帆板展开后长度近8m，卫星质量约115kg，设计运行寿命2年，如果能够成功，无疑将极大地促进中国深空探测领域的技术发展。那个时候，恐怕谁都没有想到，中国人的首次火星之旅会走得如此艰难。

按照中俄双方签署的协议，中国方面严格按照约定进度完成了卫星的全部研制和测试工作，于2009年4月将萤火一号从上海运往俄罗斯等待发射。然而俄罗斯方面却未能按照双方的约定时间完成相关研制工作。2009年9月29日，俄罗斯联邦航天局根据俄罗斯科学院的建议，决定将福布斯-土壤火星探测器的发射时间推迟两年至 2011 年 10 月，目的是进一步保证该项目实施的可靠性。受此影响，萤火一号的发射时间也不得不推迟，此后它被运回上海进行储存。

2011 年 6 月，萤火一号经过两年的安全存储和间断性的加电测试，被再次运往莫斯科。在拉沃什金和拜科努尔发射场进行测试，探测器一切正常。终于等到了期待的出发时间：北京时间 2011 年 11 月 9 日 4 时 16 分，一枚天顶-2SB 运载火箭从哈萨克斯坦拜科努尔航天发射场升空，将携带着中国首个小型火星轨道探测器——萤火一号的福布斯-土壤号送入太空（图 2-68）。

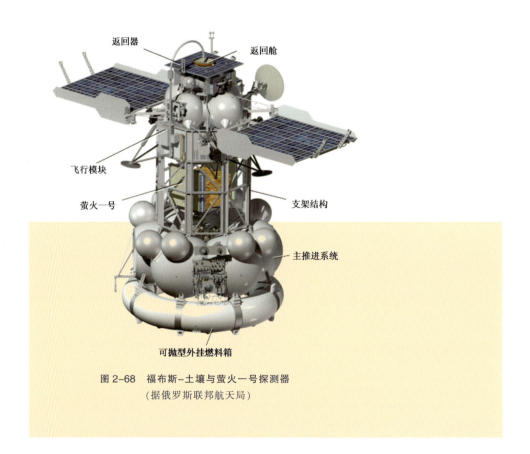

图 2-68　福布斯-土壤与萤火一号探测器
（据俄罗斯联邦航天局）

根据后来的调查显示，探测器进入低地轨道后进行了第一次变轨，但遗憾的是，在第二次变轨前定向系统发生故障，搭载萤火一号的福布斯－土壤探测器未能离开地球轨道，任务宣告失败。北京时间 2012 年 1 月 16 日 1 时 45 分，福布斯－土壤火星探测器及其所搭载的萤火一号的碎片坠落在太平洋海域，中国首次火星探测的尝试出师未捷身先死，令人痛心。

2.3.2 2020：天问一号首飞火星

在吸取了 2011 年萤火一号的失败经验的基础上，加之随着国家经济和科技能力快速跃升，我国决定独立开展火星探测工作。2016 年 4 月 22 日，在首次"中国航天日"新闻发布会上，时任国家航天局局长许达哲透露中国的火星探测任务已经批准立项，计划在"十三五"规划的末年，即 2020 年前后发射一颗火星探测卫星，并且此次火星探测任务极为大胆，其目标是希望通过一次发射实现环绕、着陆和巡视 3 个任务，即围绕火星轨道飞行的人造火星卫星，着陆火星表面的着陆器，以及它所携带的巡视器（火星车）。这种首次尝试火星探测就要一步实现三大任务的方式，此前还从未有国家尝试过，因此一旦成功，将极大拉近中国与世界探火先进国家之间的差距，具有极为重大的意义。

2020 年 4 月 24 日，在第五次"中国航天日"启动仪式上，官方正式宣布中国的行星探测任务被命名为"天问"，而中国的首次火星探测任务被命名为"天问一号"，作为我国行星探测的第一步。

北京时间 2020 年 7 月 23 日 12:41，在中国文昌航天发射场，中国行星探测正式迈出第一步：天问一号火星探测器由长征五号遥四运载火箭发射升空（图 2-69），并准确进入预定轨道。升空后第 9 天，探测器在地面引导下成功完成第一次轨道修正。随后在长达 7 个月的时间里，又先后进行了 3 次轨道修正和 1 次深空机动。最终在北京时间 2021 年 2 月 10 日 19:52，在地面精准控制下，"天问一号"探测器成功实施近火捕获制动，环绕器 3 000N 轨控发动机点火工作约 15 分钟，顺利进入近火点高度约 400km、周期约 10 个地球日、倾角约 10° 的大椭圆环火轨道，成为我国第一颗人造火星卫星，实现"绕、着、巡"第一步"绕"的目标，环绕火星获得

图 2-69　2020 年 7 月 23 日，"天问一号"由长征五号遥四运载火箭从海南文昌发射升空(据新华社)

成功(图 2-70 至图 2-73)。并且根据后续遥测数据判断,此次入轨精度极高,地面控制中心甚至取消了原定于 2 天后实施的一次轨道修正操作,节省了探测器上宝贵的燃料。

北京时间 2021 年 2 月 15 日 17:00,天问一号探测器成功实施捕获轨道远火点平面机动。3 000N 发动机点火工作,将轨道调整为经过火星两极的环火轨道,并将近火点高度调整至约 265km,即从原先低倾角的轨道调整为高倾角的极地轨道,以便后续开展火星的全球探测。

随后根据地面指令,天问一号探测器分别在 2021 年 2 月 20 日和 24 日先后成功实施两次近火制动,进入近火点 280km、远火点 5.9 万 km、周期 2 个火星日的"火星停泊轨道"。探测器之后在该轨道上运行 3 个月左右,环绕器上 7 台载荷全部

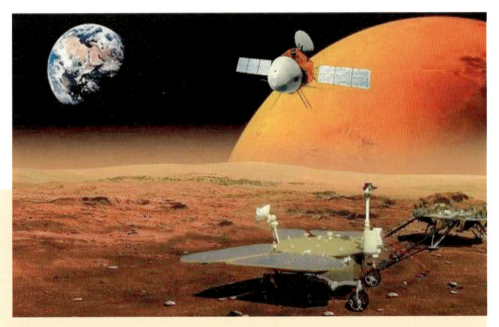

图 2-70　中国的天问一号火星探测任务,由环绕、着陆和巡视探测三部分组成

图 2-71　天问一号飞向火星(据中国国家航天局)

图 2-72　天问一号奔向火星途中的自拍照(据中国国家航天局)

开机,开始科学探测。同时,载荷中的中分辨率相机、高分辨率相机、光谱仪等对预选着陆区地形地貌、沙尘天气等进行详查,为 5 月份着陆火星做准备。

  2021 年 5 月 15 日 4:00 左右,根据预定计划,天问一号探测器在轨道上实施环绕器与"着陆－巡视器"组合体"两器分离"。着陆－巡视器组合体开始下降高度,冲入火星大气层,很快便开始所谓的"恐怖 7 分钟",也就是所谓"进入、下降、着陆"阶段(EDL 阶段)。由于火星与地球距离遥远,通信存在严重时延,地面控制中心全程无法干预,一切都必须由着陆－巡视器自主完成。而两器分离约 30 分钟后,环绕器则升轨返回火星停泊轨道,成为着陆－巡视器组合体与地球的通信中继站,开启环火科学探测任务。

最终，经过紧张的等待，遥测信号传来：北京时间2021年5月15日7:18，着陆－巡视器组合体已经成功着陆火星北半球乌托邦平原南部的预选着陆区！这是中国首次实现地外行星着陆，也使我国成为美国之后，世界第二个成功着陆火星的国家（1971年苏联的火星3号尽管着陆火星，但仅20秒后便失去信号，因而不具有现实意义），标志着我国首次火星探测任务中的"落"环节也取得了圆满成功！

大家在祝贺祝融号火星车安全着陆到火星表面时，一定也在想，从天问一号2月10日成功入轨火星，到火星车着陆，历时3个月，而为什么NASA的火星2020任务在进入火星轨道后就直接将毅力号火星车投放到火星表面呢？

这是因为天问一号与火星2020的任务性质不同，需要做的着陆准备工作也不同，因此着陆前的准备时间自然就不一样了。

先看火星2020任务，它通过投放到火星表面的火星车开展工作，没有环绕探测的任务。这是美国的第9个着陆火星探测，而且现在有3个轨道器在环绕火星工作，可以承担中继通信任务。NASA也已经利用这些轨道器对预选着陆区开展了大量预先调查，如利用高分辨率相机拍摄的照片获得安全着陆点的位置，不需要本次任务给降落提供支持。再者，美国在火星着陆方面已经积累了很多成功的经验，因此这次任务可以"一步到位"，快速投放毅力号火星车。

而天问一号与之差别很大。在任务方面，要同时完成环绕、着陆和巡视探测，这在全世界也是首次。也就是说，天问一号，不仅仅是投放火星车进行火星探测，还包括了一个环绕探测器。在投放火星车之前，火星车、着陆平台和环绕器这三件套是捆绑在一起的。天问一号进入火星轨道后，要先期开展环绕探测试验，还要为祝融号寻找安全的着陆地点。

那么，天问一号如何为祝融号寻找安全的着陆点呢？首先利用高分辨率相机对预选的着陆区拍照，避开不适宜着陆的地形，做到"地利"。这个工作要花不少的时间。而美国在毅力号着陆之前，已经提前做好了这个工作。

除了要查明着陆地点的地形外，还要选择合适的"天气"，也就要看"天时"。只有在"天时地利"条件都具备时，才能把着陆的风险降到最低。"天时"，主要就是要避开火星尘暴发生的时间。在探测器完成各种试验、寻找到安全的着陆点,并避开火星尘暴的发生时间后,时间就来到了5月。

　　成功着陆后,在经过大约一周的各种测试与技术状态确认之后,2021年5月22日10:40,祝融号火星车安全驶离着陆平台,到达火星表面,开始巡视探测(图2-73)。中国也由此成为世界上除了美国之外,唯一具备火星表面巡视探测能力的国家。至此,"天问一号"工程预定的目标,即一次任务中实现对火星的绕、着、巡成功达成!

　　到目前为止,天问一号的工程目标已经基本实现。现在让我们来看看,环绕器和火星车上都携带了哪些装备,通过二者的协同工作,能够完成哪些探测任务。

图2-73　5月22日10:40,祝融号火星车已安全驶离着陆平台,到达火星表面,开始巡视探测(据国家航天局)(这是由祝融号火星车后避障相机拍摄的着陆平台)

环绕器的探测任务及载荷配置见表 2-1,示意图见图 2-74。

表 2-1　环绕器的探测任务及载荷配置

环绕探测科学任务	载荷配置
火星地形地貌特征及其变化探测	中分辨率相机 高分辨率相机
火星表面和地下水冰的探测	次表层探测雷达
火星土壤类型分布和结构探测	次表层探测雷达 矿物光谱分析仪 中分辨率相机
火星大气电离层分析及行星际环境探测	磁强计 离子与中性粒子分析仪 能量粒子分析仪
火星表面物质成分的调查和分析	矿物光谱分析仪

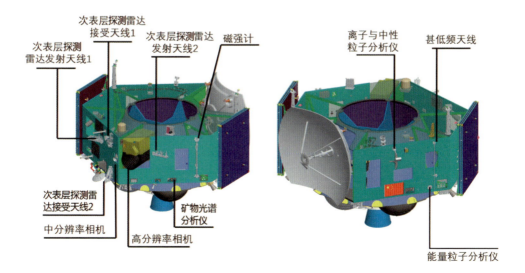

图 2-74　天问一号环绕器上的有效载荷

（航天科技集团八院 509 所提供）

（1）高分辨率相机，将获取火星表面重点区域的精细影像数据，分辨率可达 0.5m，精度与目前火星相机的最高分辨率相当。这些数据将用于研究火星表面地质现象的形成和变化过程，为着陆探测优选合适区域提供基础数据和科学依据。

（2）中分辨率相机，在 400km 高度时的空间分辨率优于 100m，争取火星全球覆盖率达到 90%以上，绘制火星全球遥感影像图。这些数据可用于探测火星地形地貌、地质构造等。

（3）次表层探测雷达，探测深度约 100m，火星极区冰层深度约 1 000m，深度分辨率为米级。利用火星表层和次表层双频双极化雷达的回波数据，探测火星土壤层结构，尤其是其中可能含有的水和水冰，争取完成全球的水冰分布调查；还可获取探测器星下点高度，用于开展火星表面地形研究。

（4）矿物光谱分析仪，用于探测火星表面的矿物种类、含量和空间分布情况，研究火星整体化学成分与演化历史。

（5）磁强计，用于探测测量火星空间磁场环境，如磁鞘、磁障碍层、磁尾及火星剩余磁场区域，反演火星电离层发电机电流，研究火星电离层电导率等特性；还可利用火星磁场及太阳风磁场观测，研究火星电离层及磁鞘与太阳风磁场相互作用机制。

（6）离子与中性粒子分析仪，用于研究火星大气逃逸、太阳风与火星的相互作用，了解火星大气和水的演化历史。此外，该载荷还探测太阳风离子，研究太阳风在行星际空间的传播特性。

（7）能量粒子分析仪，用于探测研究火星高空粒子辐射环境特性，利用大椭圆轨道优势绘制火星能量粒子空间分布图，研究太阳风暴能量粒子对火星大气逃逸的影响。

祝融号火星车高度有 1.85m，重 240kg，其巡视探测任务及有效载荷见表 2-2，示意图见图 2-75。它主要开展对火星的表面形貌、土壤特性、物质成分、水冰、大气电离层、磁场等的科学探测。

表 2-2　祝融号火星车的巡视探测任务及载荷配置

巡视探测科学任务	载荷配置
火星巡视区形貌探测	导航地形相机
火星巡视区土壤结构(剖面)探测和水冰探查	火星次表层探测雷达
火星巡视区表面元素、矿物和岩石类型探测	火星表面成分探测仪
	多光谱相机
火星巡视区大气物理特征与表面环境探测	火星表面磁场探测仪
	火星气象测量仪
火星表面物质成分的调查和分析	矿物光谱分析仪

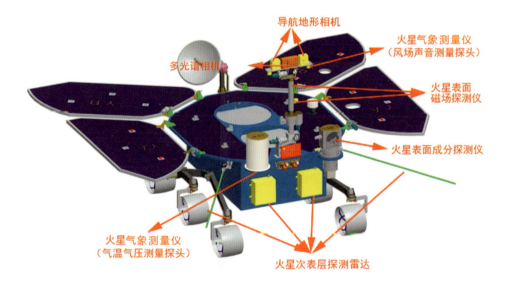

图 2-75　祝融号火星车的有效载荷

(据中国科学院国家天文台)

(1)多光谱相机,安装在着陆巡视器的桅杆上,其主要科学用途为获取着陆区及巡视区多光谱图像,进而进行火星表面物质类型分布的分析工作。

（2）火星表面成分探测仪，搭载在火星车头部位置，采用了主动激光诱导击穿光谱探测和被动短波红外光谱探测技术，对着陆区的火星表面元素、矿物和岩石开展高精度的探测，对研究火星的形成和演变过程等具有重要的科学意义。

（3）火星次表层探测雷达，是一种基于火星车平台的高分辨率火星次表层地质结构探测雷达。该雷达包含低频通道和高频通道两个通道。低频通道用于巡视区深层的火星次表层结构探测，高频通道用于巡视区浅层火星表面土壤、冰层结构的高分辨率全极化探测。

（4）火星表面磁场探测仪，将探测着陆区火星磁场，确定火星磁场指数；与环绕器磁强计配合，探测火星空间变化磁场，反演火星电离层发电机电流，研究火星电离层电导率等特性，完成对巡视区磁场的连续高精度矢量测量；尝试利用天然磁场跃变，探测火星内部局部构造。

（5）导航地形相机，安装于火星车着陆器上，其成像视场角很大，可视距离短，适用于火星车自主局部避障规划。

（6）火星气象测量仪，对火星表面大气温度和压力进行测量。

按照工程实施计划安排，先期以祝融号的地面探测为主。到目前（2021年8月20日），祝融号已经在火星表面工作了90多个火星日，完成了预设"规定动作"。下面我们一起看看祝融号的探测历程。

祝融号火星车于北京时间5月15日7:18成功着陆在乌托邦平原，成为第10个着陆在火星上的探测器（如果算上苏联的火星3号，这是第11个）（图2-76），距离前不久着陆的美国毅力号火星车约1 820km。

祝融号火星车的着陆点坐标是东经109.9°，北纬25.1°。这里的地形整体较为平坦，但也有一些小火山和撞击坑（图2-77、图2-78）。祝融号开始工作前首先做了自检，在打开太阳能电池板充电后，通过预先设定的程序检测火星车的各项"身体指标"。然后，打开相机（睁眼）看看周边的环境，确定自身所在的位置，评估从着陆平台走下去的风险。

一切正常后，5月22日祝融号从着陆平台行驶到了火星表面（图2-79），开启火星探测之旅。它所携带的6台载荷相继开机工作,探测的数据会首先发到天问一号环绕器,再由环绕器发往地球。

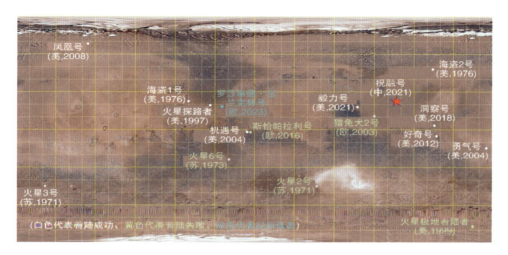

图 2-76　天问一号祝融火星车是第 11 个成功着陆火星的探测器

图 2-77　祝融号着陆点位置
(据中国国家航天局)

图 2-78 火星车拍摄的着陆点附近全景图

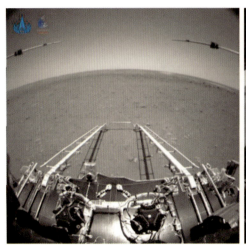

图 2-79 祝融号走下着陆平台前(左)和到达火星表面之后(右)

(据中国国家航天局)

祝融号火星车走下着陆平台后,首先给着陆平台拍了一张照片。然后,继续围绕着陆平台转了一圈,来了个 360° 全覆盖(图 2-80、图 2-81)。

当然,拍个合影也是非常必要的。然而,没有第三者帮忙,如何完成合影呢?这可难不倒它们。因为在发射前,工程师们预先准备了 Wi-Fi 相机,先由火星车行驶到远处安放好相机,然后退回到着陆平台旁边,一起面向相机的位置,"3、2、1,茄子!"二者的合影就完成了(图 2-82)!能够在火星上玩自拍,也是一件很酷的事情呀!再看看祝融号火星车和着陆平台上的中国国旗,国人无不为之感到兴奋和自豪。

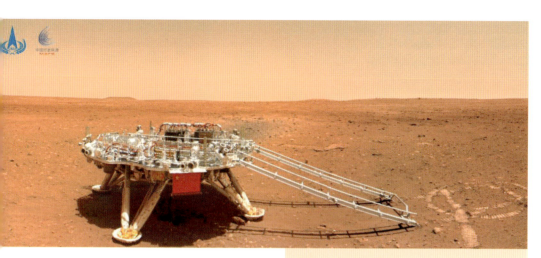

图 2-80　火星车从着陆平台拍摄的照片（据中国国家航天局）

图 2-81　祝融火星车围绕着陆平台行驶一圈，拍照并表达敬意！
（据中国国家航天局）

图 2-82　2021 年 6 月 1 日,祝融号火星车和着陆平台完成合影
(据中国国家航天局)

在地面指挥人员的安排下,火星车在完成和着陆平台的互拍(图 2-83)并观察周边的地形后,开启了火星探索之旅。路线就是一路向南,沿途还可以顺便看看降落伞和背罩。

从着陆平台到降落伞和背罩组合体的直线距离大约是 360m,到防热大底的直线距离是 1 800m 左右(图 2-84)。在这个距离范围内,地表特征的地貌只有小型撞击坑和沙丘。火星车上的相机和光谱仪可以对沙丘以及地表的岩石成分进行探测,看看它们到底是什么岩石类型以及由什么元素组成。

尽管这个范围内地表有趣的现象不多,但是在火星车的行进过程中,可以开启探地雷达,对地下可能存在的水冰和土壤结构进行探测。磁强计还可以探测磁场强度,气象仪可以获得表面的有关风速和温度变化等的气象数据,等等。

到 6 月 27 日上午,祝融号火星车已在火星表面工作 42 个火星日,累计行驶 236m。而天问一号环绕器在轨运行 338 天,地火距离 3.6 亿 km。

109

北　　　　　　　　　　　　　　东

0°　　　　　　　　　　　　　　90°

图 2-83　火星车回望位于东北方向的着陆平台（据中国国家航天局）

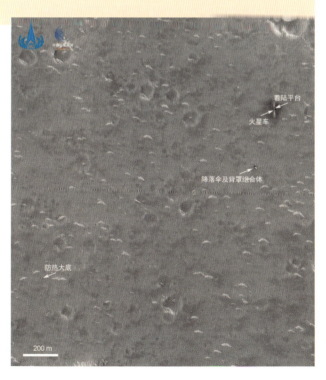

图 2-84　祝融号驶离着陆点，朝降落伞方向驶去（据中国国家航天局）

7月17日，祝融号火星车行驶里程达到509m，完成了对第一个沙丘的探测（图2-85），驶向降落伞和背罩的降落地（图2-86）。

截至8月15日，祝融号火星车在火星表面运行90个火星日（约92个地球日），累计行驶889m（图2-87），所有科学载荷开机探测，共获取约10GB原始数据，祝融号火星车圆满完成既定巡视探测任务。当前，火星车状态良好、步履稳健、能源充足，后续将继续向乌托邦平原南部的古海陆交界地带行驶，实施拓展任务。

在巡视探测期间，祝融号火星车按照"七日一周期，一日一规划，每日有探测"的高效探测模式运行。导航地形相机获取沿途地形地貌数据，支持火星车路径规划和探测目标选择，并用于开展形貌特征与地质构造研究；火星次表层探测雷达获取地表以下分层结构数据，用于浅表层结构分析，探寻可能存在的地下水冰；火星气象测量仪获取气温、气压、风速、风向等气象数据，用于开展大气物理特征的研究；火星表面磁场探测仪获取局部磁场数据，与环绕器磁强计配合，探索火星磁场演变

图2-85　祝融号火星车对第一个沙丘开展探测
（据中国国家航天局）

图2-86 祝融号拍摄的降落伞和背罩
(据中国国家航天局)

过程;火星表面成分探测仪、多光谱相机获取特定岩石、土壤等典型目标的光谱数据,用于元素和矿物组成等分析研究。

火星车导航地形相机、火星表面成分探测仪、火星次表层探测雷达、火星气象测量仪,环绕器高分辨率相机、次表层探测雷达(甚低频模式)、离子与中性粒子分析仪7台科学载荷获取的数据已经完成相关处理和质量验证工作,并形成标准的数据产品。中国月球与深空探测网日前已面向国内科学研究团队开放数据申请,后续将以月为周期组批发布科学数据。

目前,环绕器运行在中继通信轨道,主要为火星车进行中继通信。2021年9月中旬至10月下旬,火星、地球将运行至太阳的两侧,且三者近乎处于一条直线,即出现日凌现象。由于受太阳电磁辐射干扰的影响,环绕器与地球的通信将中断约

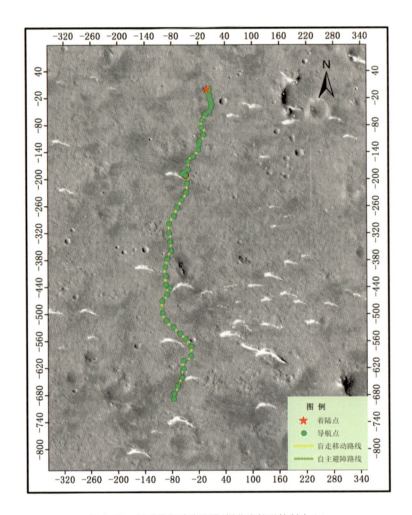

图 2-87　祝融号行驶路线图(据北京航天控制中心)

50天,环绕器和火星车将转入安全模式,停止探测工作。日凌结束后,环绕器将择机进入遥感使命轨道,开展火星全球遥感探测,获取火星形貌与地质结构、表面物质成分与土壤类型分布、大气电离层、火星空间环境等科学数据,同时兼顾火星车拓展任务阶段的中继通信。

介绍到这里,大家已经比较全面地了解了天问一号的任务、目标和现状。可能还有一些疑惑,如祝融号火星车的技术水平,如何越障,如何在火星表面生存,如何

切换工作和休息状态,图像等数据如何发回地球,等等。对此,祝融号火星车的总设计师贾阳研究员认为:

(1)祝融号火星车定位为"二代半"。美国利用25年先后发展了三代火星车,单从质量的角度看,分别为第一代的10kg级别、第二代的100kg级别和第三代的1000kg级别,各方面的能力也随之不断提升。祝融号火星车质量为240kg,仅从质量看,它属于第二代。随着技术发展,祝融号火星车定位为"二代半"。这个多出的"半代",主要体现在火星表面移动、生存、自主技术等方面的先进性上。

(2)主动悬架什么地形都不怕。火星表面地形复杂,既有陡坡、大石块,也有松软的沙地。美国的火星车在工作过程中,曾遇到难以翻越的沙土质陡坡,也曾陷入沙土中无法移动。祝融号火星车采用了主动悬架移动系统,其目的就是使火星车在复杂地形条件下,具备较强的通过能力。在平坦的硬路面上运动时,火星车保持主动悬架机构的主动关节锁定,此时悬架退化为被动悬架。遇到石块障碍比较高的情况,可利用主动悬架将车体抬高。在难以通过的软土沙地,特别是车轮发生较大沉陷无法顺利通过时,可采用尺蠖运动方式脱困。首先,两个前轮向前运动,中轮和后轮不动,车体高度随之逐渐降低;然后,前轮不动,中轮、后轮前进,这个过程中车体高度逐渐抬高;接着,再持续重复上述过程。这样的尺蠖运动方式,运动效率虽然比较低,但沙地脱困效果非常好。

(3)靠集热窗实现"保暖"。火星表面温度偏低。在火星车顶部安装的像双筒望远镜一样的设备,叫作集热窗。窗口有一层薄膜,可见光能顺利透过,车体发出的远红外线却无法透出,从而起到保温效果。

阳光透过集热窗后,能量被一种叫作正十一烷的物质通过相变方式储存。火星白天温度升高,这种物质吸热融化;到了晚上温度下降时,这种物质会在凝固的过程中释放热能。能量的转换方式变成了"光能—热能—相变能—热能",效率可达到80%以上。当火星上正值盛夏时,祝融号火星车会"感觉"稍稍有点热。不过,等火星到了秋季之后,收集热能的这个本领就会显示出效用了。

(4)太阳能电池片能够像荷叶疏水一样除尘。在火星表面工作,不可避免地会受到火星尘的影响。最直接的影响就是导致太阳能电池输出功率下降。因为火星车工作所需要的电能都来自太阳能,如果电能不足,火星车只能在火星表面"睡觉"。

贾阳研究员打了个比方,在夏季,当我们观察荷叶上的水珠时,可以发现,荷叶与水间并没有发生浸润,荷叶随风摇曳的过程中,水珠很容易滚落。借鉴自然界荷叶的疏水原理,科研人员在电池盖片上增加了超疏基微观结构。这些结构的尺寸比火星尘颗粒的特征尺寸还要小,当火星尘与之接触时,就相当于与一个纳米级的"针床"接触,而不是与一个平面接触。这大大减小了火星尘颗粒与电池片之间的接触面积,从而减弱了它们之间的附着力,使火星尘不易沉积,即便沉积后也更容易移除。火星车采用了超疏基电池盖片,其中两个太阳翼还可调整到竖直状态,便于火星尘滑落。

(5) 由火星车自己决定何时"睡觉",何时"起床"。火星表面也会有局部沙尘天气,严重时甚至蔓延到火星的大部分地区,成为全球性沙尘暴。美国的机遇号火星车在火星表面工作了15年,就是因为一次严重的沙尘天气而中断了工作。祝融号火星车如何应对这样的沙尘天气呢?科研人员为其设计了自主休眠唤醒功能。就是说,火星车会根据环境变化,自己决定何时"睡觉",何时"起床"。

在火星表面,当风速逐渐升高,出现沙尘天气时,火星车首先感觉到的是太阳能电池板输出的电能有些不够。每当黄昏时,电池电量都应该是满满的,"今天怎么电量这么少?"于是火星车赶紧计算明天工作需要多少电能。如果结论是"差一点",那么火星车就会减少工作的设备,通过"过紧日子"的方式等到第二天;如果结论是"差很多,不够今天晚上用的",那么火星车就会立即休眠,全系统断电。这时,就需要祝融号火星车"过点苦日子"。设备的温度越来越低,最低可达 -100 ℃以下。即便如此也没办法,火星车只能在寒冷中"睡觉"。

唤醒有两个必备条件:一个是等到沙尘天气过去,阳光越来越强,大气变得澄净、透明,火星车太阳翼的发电量可维持正常工作;另一个是火星车关键设备的温度符合工作要求,比如蓄电池可正常充电了。等条件都满足了,不需要地面控制,火星车会自己"苏醒",继续工作。

(6)图像压缩算法一展强大功能。对陌生环境进行探索,图像信息无疑是最直观也是最核心的信息。图像信息中含有相当多的时间和空间冗余,因此图像信息的数据量非常大。火星车执行任务的前3个月,火星与地球之间距离为3.2亿～3.8亿km,从火星到地球的通信链路带宽受到很大限制,在深空数据源端对图像进行压缩,无疑是提高信息回传效率的必由之路。深空探测器资源宝贵而有限,火星车的数据处理能力不会像地面计算机这样强大。因此,需要根据火星探测任务的应用需求,统一考虑图像数据的压缩及传输两个环节,设计最优的图像数据压缩及传输方案。

针对火星探测任务中图像压缩处理需求,科研人员专门为祝融号火星车设计了图像压缩算法,实现了多种相机数据存储管理、图像压缩比灵活控制、质量渐进性传输、感兴趣区域优先编码、抗误码扩散和图像缩略图生成下传等功能,满足了火星车可靠、高效、灵活的图像应用需求。

可见,为了保证祝融号火星车能够安全顺利地在火星表面开展科学探索,科研人员几乎把所有可能的情况都想到了,并且精心准备了应对方案,这也是火星车在顺利完成预定90个火星日的工作后,依然健康如初的根本原因。

第三章
揭秘篇 3

3.1 火星的基本数据

火星是太阳系八大行星之一，按离太阳由近及远的顺序排列在第 4 位。除金星以外，火星离地球最近，距离地球 1.9 亿 km。与地球相比，火星的质量不到地球质量的 1/9，其半径仅为地球半径的 1/2 左右。但火星在许多方面都与地球较为相像：火星的自转周期几乎与地球一样，1 个火星日只比 1 个地球日长 41 分 19 秒；火星自转轴的倾角也几乎与地球相同。因而，火星也有四季变化，但不同的是火星公转周期几乎是地球公转周期的 2 倍，所以火星上每个季节大约持续 6 个月；火星距离太阳相对较远，因而其表面气温比地球低，在太阳系内其宜居条件仅次于地球。火星的基本参数如表 3-1 所示。

表 3-1 火星与地球的基本参数比较

参数	火星	地球
平均赤道半径	3 397km	6 378km
平均赤道半径（地球=1）	0.53	1
扁率	0.005 9	0.003 4
赤道重力（地球=1）	0.375	1
赤道重力（火星=1）	1	2.66
体积（地球=1）	0.151	1
质量（地球=1）	0.107（6.419 1×10^{23}kg）	1（5.974 2×10^{24}kg）
密度	3.93g/cm^3	5.52g/cm^3
赤道逃逸速度	5.02km/s	11.18km/s
自转恒星周期（地球日）	1.026（24h37min）	0.997 3（23h56min）
赤道倾角	25.19°	23.44°

续表 3-1

参数	火星	地球
离太阳的距离(天文单位 AU*)	1.523 7	1.000 0
离心率	0.093 4	0.016 7
轨道倾角	1.850°	0.000°
公转恒星周期(太阳年)	1.880 9(687d)	1.000 0(365.25d)
会合周期	779.9d	—
反射率	0.16	0.39
平均表面温度(K**)	150～240K	288～293K
表面最高处	奥林帕斯山,高程 21 183m	珠穆朗玛峰,海拔 8 848m
表面最低处	海拉斯盆地,-7 825m	马里亚纳海沟,海平面以下 11 000m
大气组成	二氧化碳(95%)、氩气、氮气、水气	氮气(78%)、氧气(21%)、氩气等
天然卫星数量	2	1

注:*1 天文单位=149 597 870km(也就是地球到太阳的平均距离)。

　　**K 是绝对温度单位,0℃为273K。

　　火星是唯一能用望远镜看得很清楚的类地行星(尽管金星距离地球更近,但是由于其有稠密的大气层,因此无法看到它表面的形貌)。通过望远镜观察,火星看起来像个橙色的球,随着季节变化,南北两极会出现白色极冠以及一些明暗交替、时而改变形状的区域。探测资料显示,火星上至今仍保留着流水冲刷的痕迹。

　　图 3-1 为火星与地球的大小对比,右边火星的照片为哈勃望远镜拍摄,可见其直径只有地球的一半左右,外层被大气包围,两极有明显的白色极冠。

　　火星距离太阳的距离约为地球到太阳距离的 1.5 倍(图 3-2)。

探秘火星 揭秘篇

图 3-1 地球与火星的大小对比

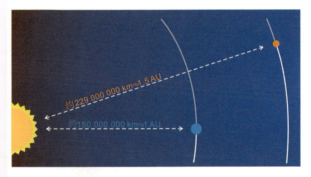

图 3-2 地球和火星离太阳的距离

与地球表面温度对比，火星表面是极其寒冷的，它的年均温度约为 $-63℃$（地球的年均温度约为 $14℃$）。但在某些时段内，火星南部高原部分区域温度接近 $30℃$（图 3-3）。

火星有两个天然卫星，大小不等，大的是火卫一，小的是火卫二。它们的主要参数及与地球的卫星——月球的对比如表 3-2 所示。

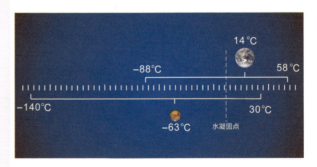

图 3-3 地球与火星表面温度的变化区间

表 3-2　火星的卫星与地球的卫星(月球)的数据比较

	火卫一	火卫二	月球
名称	福波斯(Phobos)	迪莫斯(Deimos)	月球(Moon)
发现年代	1877 年	1877 年	—
轨道半径(km)	9 378	23 459	384 400
公转周期(d)	0.318 9	1.262 4	27.321 7
轨道椭率	0.015	0.000 5	0.055 4
卫星半径(km)	13.4×11.2×9.2	7.5×6.1×5.2	1 737.4
轨道倾角(相对于火星或地球赤道)	1.0	0.9～2.7	8.28～28.58
光度(星等)*	11.3	12.4	-12.7

注:* 为了衡量星星的明暗程度,古希腊天文学家喜帕恰斯(Hipparchus,又译为依巴谷)在公元前 2 世纪首先提出了星等这个概念。星等值越小,星星就越亮;星等值越大,它的光就越暗。在不明确说明的情况下,星等一般指目视星等。

火星的两个卫星,内侧的是较大的火卫一,外侧的是较小的火卫二(图 3-4)。

图 3-4　火星的两个卫星(据 NASA)

3.2 火星大气

3.2.1 稀薄和缺氧的大气

与地球大气层相似，火星周围也笼罩着大气层，但其主要成分是二氧化碳，其次是氮气、氩气，此外还有少量的氧气和水蒸气。火星大气层与地球大气层都有氮气存在，这是火星与地球大气层最大的相似之处。火星大气层的密度不到地球大气层的 1%，表面大气压 500~700Pa（图 3-5）。

火星表面的一层薄雾就是它的大气层，这幅照片是由印度的火星探测器拍摄的。图中左上方的小黑点是火星的卫星——火卫一（图 3-6）。

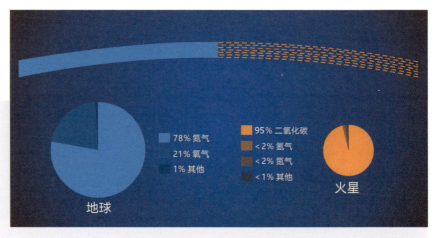

图 3-5 火星与地球大气层的对比（据 NASA）

图 3-6　印度火星探测器拍摄到的火卫一

3.2.2　神秘的甲烷

除了二氧化碳、氩气、氮气和极少量的氧气之外，火星大气中还存在痕量的甲烷。早期，位于美国夏威夷和智利的双子座天文台利用两台红外天文望远镜，均在火星大气中发现了甲烷的痕迹。2004 年，欧洲空间局的火星快车探测器搭载了"行星傅里叶频谱仪"，根据其所测量到的火星大气频谱中显示出的甲烷特征的频谱段，从而确认了火星大气中存在甲烷。随后，就位探测也证实了甲烷的存在，2014 年好奇号火星车在盖尔撞击坑内的大气中探测到了甲烷，而且发现这里大气中甲烷的含量存在季节循环。但令人感到困惑的是，欧洲空间局发射的微量气体轨道器却并没有在火星大气中检测到甲烷。科学家认为甲烷可能被困在某处地下，如果该储层被地质活动或其他条件扰动，则可能导致被困甲烷逃逸到火星大气中，其存在时间短暂，随后在大气中被分解。火星大气层中检测到甲烷，这为火星上可能有以微生物形式存在的生命提供了进一步的线索，但是迄今为止还没有找到任何火星存在微生物的直接证据。

知识链接　甲烷

甲烷,化学式 CH_4。科学家对它特别感兴趣,因为它可以作为存在生命的标志。这是因为在地球上,甲烷主要是由有机质转化而来的。再者,甲烷在大气中不能长时间稳定存在,会被太阳辐射破坏。因此,科学家认为,如果火星上检测到甲烷,那么这些甲烷形成的时间应该不久,最多也不过几百年。因而火星上必然存在向大气提供甲烷的"源区",并在最近释放了甲烷(图 3-7)。这个"源区"有三种可能:一是外来的小行星或彗星等碰撞火星带来甲烷;二是火星地下水与岩石之间相互作用产生的;三是火星上微生物制造出来的。第三种可能因为支撑火星有生命的观点,成为最受欢迎的一种。此外,科学家根据现有的观测数据,已经完全排除了第一种可能。对于第二种可能,说明火星地下有非常强烈的水岩相互作用,通过橄榄石矿物与水发生的化学反应产生甲烷。而第三种可能,需要科学家通过进一步的探测和样品分析才能确认。

可见,由于甲烷的来源存在多种可能性,因此现在无法确认这些甲烷就是由地下的微生物产生的。要想区分其来源于有机的生物作用还是无机的化学过程,需要通过原位测试甲烷中碳的同位素比值,或者把火星大气采集到地球上来进行分析,才能最终确定它们的来源,知晓它们是否与火星生命有关。

图 3-7　火星大气层中甲烷的可能来源与循环途径
(据 NASA)

3.3 火星的形貌特征

火星表面的地形起伏很大，有高山，有平原，也有峡谷和冲沟等与地球类似的地形地貌。

3.3.1 高低分明的南北半球

火星地形最显著的全球性特征就是南北半球高度差别很大。从全球尺度上看，它是由南部高原和北部平原组成，南部高原比北部平原要高出约 3 000 m。南部的高原上分布着数量巨大的盆地和撞击坑，包括火星上最大的撞击盆地海拉斯（Hellas）盆地、阿吉尔（Argyre）盆地，以及巨大的火山；北部平原上的撞击盆地和撞击坑相对南部高原要少得多，其表面相对平坦，由火山熔岩和风成物质所覆盖。这就是通常所说的火星南北半球地形的"二分性"。同时，根据地球物理探测获得的地壳厚度数据显示，这两个半球的地壳厚度差别也很大（图 3-8、图 3-9）。

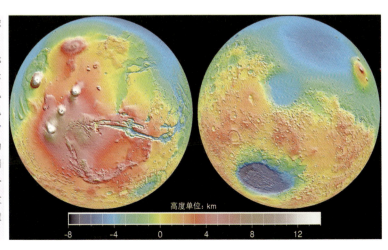

图 3-8 火星全球地形的球面投影（据火星轨道器激光高度计）（蓝色表示地形低，红色—白色为地形高；左图可见南部高原的表面有高耸的火山、巨大的水手大峡谷等，右图显示在南部高原分布有大型的撞击盆地和一些较小的撞击坑）

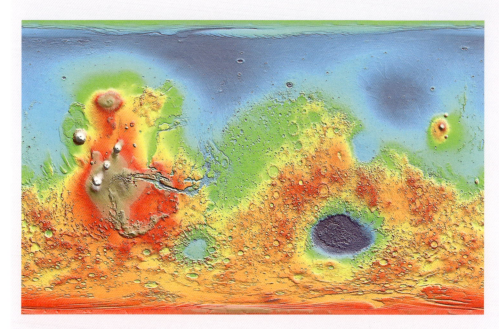

图 3-9　火星全球地形展开图［火星北部（上部）地形明显低于南部（下部）］

　　大多数的行星科学家认为，火星南部半球较为古老，北部半球较为年轻。这个认识是根据南部半球的撞击坑的大小和数量都比北部半球要大和多得出的。为什么通过撞击坑的统计可以推测行星表面的年龄呢？通过天文学的观测和分析知道，从太阳系形成到现在，撞击行星表面的陨石的数量在逐渐减少，体积也在减小。因此，古老表面接受陨石撞击的时间长，撞击坑的数目较多、直径较大；反之，年轻表面暴露的时间较短，撞击坑的数目较少、直径较小。

　　为什么火星的南北半球会有如此巨大的地形差异呢？一种解释是，北部平原可能就是一个巨型的撞击盆地；另一种看法认为，北部平原可能曾经是火星的海洋，很多地貌都被沉积物覆盖了。虽然两种解释都有各自的证据，但是仍然有许多无法解释的问题。

3.3.2 引人注目的火山单元

火星表面有 2 个非常引人注目的火山群,它们是萨西斯(Tharsis)和爱丽斯米(Elysium)。组成这 2 个火山群的单个火山的直径和高度,都远远比地球上的火山要大和高。此外,环海拉斯盆地还有多个大型火山,只是它们的高度不大,在地形上显得不够突出。

萨西斯火山群包括太阳系最大的单一火山奥林帕斯(Olympus)火山,以及在北东-南西方向排列于一条线上的阿斯克瑞斯(Ascraeus)、帕乌尼斯(Pavonis)、阿希亚(Arsia)和阿尔巴(Alba)火山(图 3-10)。其中奥林帕斯火山高达 21km,直径 550km,其高度约为地球上最高峰珠穆朗玛峰高度的 3 倍,其体积是整个夏威夷火山链体积的 2～3 倍。在奥林帕斯火山的顶部,有一个复杂的塌陷,称之为破火山口。这个火山并非在一次喷发中形成,而是经历了漫长的发展过程。目前,科学家们利用高分辨率图像和对撞击坑的统计分析,识别出了五期大的喷发活动,最近的喷发年龄在 1.4 亿～2 亿年之间。它的形态并不是完全对称的,其西北侧的坡度小于东南侧,平均坡度近 5°,并且火山临近被侧显出也出。这些断崖高度变化较大,在北部和西北部断崖高达 8km。东北和西南的断崖被熔岩流所掩埋(图 3-11、图 3-12)。

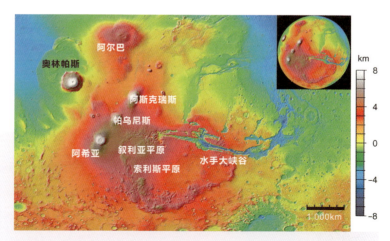

图 3-10　萨西斯火山群的伪彩色高程图(白色代表地势高,蓝绿色代表地势低)

图 3-11　奥林帕斯火山(后面最高的山)、珠穆朗玛峰(最前面覆盖着白色积雪的山)与夏威夷火山岛链火山体积之和(中间的山)的对比(据 Arlick M A)

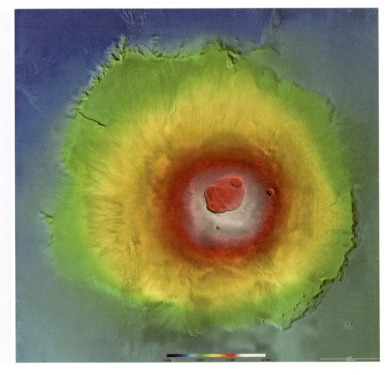

图 3-12　奥林帕斯火山伪彩色高程图(据 ESA)
(可见火山顶部的破火山口中,有多个圆形的塌陷,它们分别是多期火山喷发留下的火山喷发口。底座的东南和西北侧都存在显著的断崖)

阿斯克瑞斯火山是分布在一条直线上的3座火山中最高的,高18km,体积超过100万km³(图3-13)。它的火山活动时间跨度几乎贯穿了火星的整个演化历史,从早期的38亿年之前,到最近的1亿年都有。

帕乌尼斯火山相对较小,高约14km,体积约40万km³。火山口直径为50km,火山口塌陷的深度约4 500m。该火山的年龄为35.6亿年,后期改造持续到距今约12亿年前。

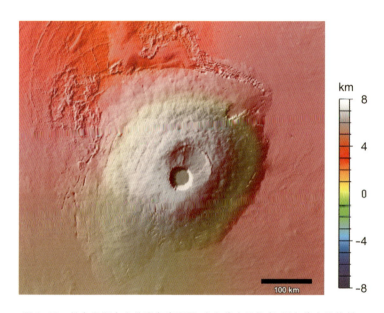

图3-13　帕乌尼斯火山伪彩色高程图(白色代表地势高,绿色代表地势低)

阿希亚火山的底座直径约为400km,高17.7km,外侧坡度大约为5°,体积90万km³。火山口的直径为130km,深1 300m,被同心圆状断裂所环绕(图3-14)。特别值得注意的是,在该火山的西南侧和东北侧有大量的凹坑连成裂谷,大量的熔岩流出形成"裙"状熔岩流覆盖在早期主火山之上,说明这些火山活动晚于早期大型火山的形成。在火山的西侧还有明显被改造破坏的痕迹。这些痕迹很可能是冰融化过程中形成的滑塌,意味着火山喷发间隙有冰形成于火山喷发物之间,同时也说明火山作用形成的不仅仅是熔岩,也很可能有大量的火山灰流沉积。

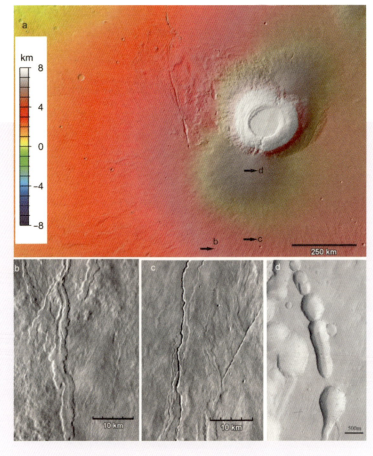

图 3-14　阿希亚火山地形图及其细节地貌
a 为阿希亚火山伪彩色高程图(白色代表地势高,绿色代表地势低);
b、c、d 分别是该火山上的熔岩流、熔岩渠和垮塌的熔岩管

阿尔巴火山的形貌非常特别,覆盖范围极广,南北向跨度达 2 000km,最大宽度达 3 000km,坡度约为 0.5°,大量裂隙群在火山的中心地带形成不完整的环和特别长的熔岩流(图 3-15)。它由一个巨大的复杂破火山口构成,从火山口向外,有一系列叠覆的熔岩流呈放射状流出。该火山表面发育了一系列的断裂构造,特别是在火山的西侧,形成一个环形构造。这座火山也经历了多次活动,最早的时间大约为

35亿年前,后续的还有20亿年前、8亿年前和2.5亿年前等多期喷发。

火山活动结束后,还遭受了断裂破坏,例如多个方向的地堑贯穿火山地貌,并且都可以看到其切割熔岩流的特点,说明其形成时间明显晚于火山活动。此外,这些地堑中还有大量连续或不连续的坑链,指示由拉张裂隙的坍塌所形成。

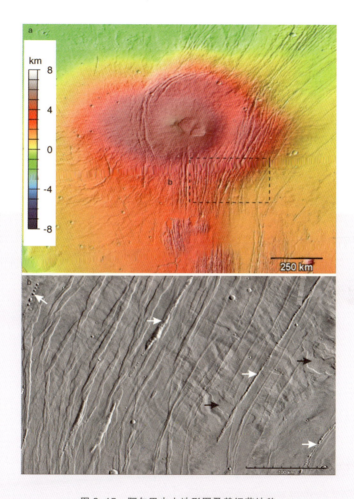

图3-15 阿尔巴火山地形图及其细节地貌

a为阿尔巴火山的伪彩色高程图(白色代表地势高,绿色代表地势低);

b为该火山上的地堑和线性裂陷、链状坑(白色箭头所指)和熔岩流(黑色箭头所指)

爱丽斯米火山群包括3座火山,其熔岩覆盖直径达1 000km的区域。在这里也可以看到大量的熔岩流、火山灰流和岩墙或岩脉(图3-16)。

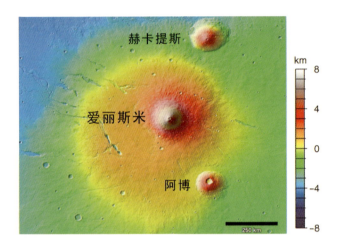

图3-16 爱丽斯米火山群的伪彩色高程图

图3-16中间最大的爱丽斯米火山形态不对称,高14km,西北侧的坡度为0.6°～0.9°,东侧和东南侧的坡度为0.1°～0.4°,形成的火山物质覆盖直径近2 000km的范围。它的破火山口不像前面描述的火山口那么复杂,只有一个较小的圆形火山口,无数条类似熔岩渠道的沟渠,从这个简单的破火山口向外流淌,盾形火山的边缘逐渐消失于周围的平原中。数条大断裂呈南东东-北西西方向切割火山底座及外缘,但是它们的成因尚不清楚。该火山的主体形成于36.5亿年之前,侧翼的火山活动与后期改造从31亿年前持续到4亿年前。

图3-16右上方的赫卡提斯(Hecates)火山与周边地形的界线明显,底座直径180km,火山口直径约13km,深400m。它最典型的特征是表面布满了冲沟,宽度可达几百米,无明显的源头。这些冲沟的成因尚无定论,可能是火山热导致的地下冰层融化形成的,也可能是火山顶部积雪融化形成的,还可能是被熔岩流侵蚀而形成的。通过对撞击坑的统计分析,这座火山的年龄为34亿年,而后期改造年龄在10亿年左右。

图 3-16 右下角的阿博(Albor)火山的直径约 150km，高 5.5km。火山口的直径为 35km，深 4000m，火山的坡度约为 5°。通过表面形貌分析，该破火山口经过至少三期活动，其年龄分别是 21.6 亿年、16.4 亿年和 4.7 亿年。

知识链接

地堑、熔岩管

地堑：地堑是一种负地形，断层面两侧的地盘朝相反方向运动，使中间地块相对于两侧地块陷落而形成的地形，如东非大裂谷与红海等。

熔岩管：火山喷发时，低黏度的熔岩岩浆不断从火山口涌出，当液态的岩浆沿着一定的坡度向下流动时，由于熔岩表面冷却较快，先凝固形成硬壳，而内部的岩浆依然保持高温状态，继续向前流动，这就好比地下暗河。当火山喷发结束，没有岩浆供给时，就形成了空心的熔岩管道。顶部塌陷或被击穿后，会形成"天窗"。熔岩管的内部可以发育熔岩乳、岩柱、熔岩阶地和最后一次熔岩流动留下的绳状熔岩等。在多次火山喷发或一次大规模喷发后，可以形成多层熔岩管，有时会彼此贯通。

地球和火星上都有熔岩管，这幅照片是镜泊湖世界地质公园内火山喷发形成的熔岩管，它蜿蜒曲折。由于该地区冬季时间长，且熔岩管内部保温条件好，所以从这张夏季拍摄的照片中可以看出熔岩管内的积水仍然处于冰冻状态(图 3-17)。

图 3-17 镜泊湖世界地质公园内火山喷发形成的熔岩管

3.3.3 叹为观止的峡谷和沟谷系统

在萨西斯高原的东侧,映入我们眼帘的是太阳系最大、最长的峡谷——水手大峡谷(图 3-18、图 3-19)。它长 3 769km,宽 150~700km,最深处达 7 000m,绕火星赤道区 1/4 以上,名称来自美国的水手 9 号火星探测器。如果把水手大峡谷搬到地球上,它可以横跨整个中国大陆,或是从美国的东海岸一直延伸到西海岸。水手大峡谷是一个复杂的峡谷系统,目前普遍认为它主要是由地壳拉张陷落而形成,而且又被各种侵蚀和水流沉积过程所改造。水手大峡谷可以分为 5 段:夜迷宫(Noctis Labyrinthus)、西槽(Western Troughs)、中槽(Central Troughs)、东中央槽(East Central Troughs)以及东峡谷(Eastern Canyons)。

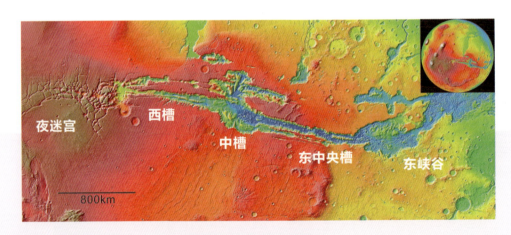

图 3-18 水手大峡谷全景

夜迷宫(诺克提斯迷宫)位于水手大峡谷裂谷系统的最西端,是由多个极为破碎的地块组成。它的西部为萨西斯火山穹隆,东部与峡谷的西槽相连。夜迷宫的轮廓呈向北突出的弧形,由多个方向的地堑式断裂构成。这些断裂相互切割、连接,错综复杂,犹如迷宫一般。

图 3-19　水手大峡谷 3D 图（据 ESA）

西槽、中槽和东中央槽三者是一组线性的陡壁谷地，一般长 300~1 000km，宽 50~150km，深 2~7km，大致向东偏南方向延伸。这里由大小与槽相当的山脊或高原所分割的 2~4 个平行槽所构成。有些槽在侧向上相互连通，形成了宽达 300km 的混合地形，或是沿长度方向连接起来形成 2 500km 长的特征地貌。许多槽的末端既可以是宽阔的，也可以逐渐地尖灭，具有多样性。

东中央槽的东侧与一片开阔的谷地相连，这里就是东峡谷。它由西南向东北延伸。该段峡谷比水手大峡谷内的其他峡谷更阔且浅，范围约为 900km×1 000km，并且常与杂乱的地形共生。

在大峡谷的底部，可以看到大量的滑坡和崩塌地貌，它们的形成致使大峡谷被拓宽。例如，在峡谷中槽，滑坡形成了非常陡峭的悬崖，最长的滑坡体可以延伸达

200km(图 3-20)。在峡谷的谷壁和峡谷底部的山丘上，还存在一些层状沉积，充分显示了周期性的沉积作用和后期的侵蚀作用（图 3-21）。

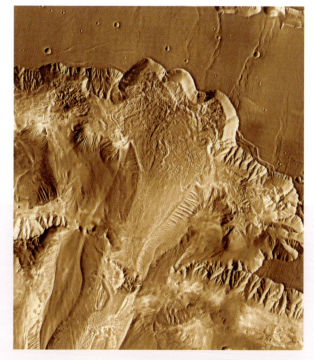

图 3-20　中槽北部区域的大型滑坡体

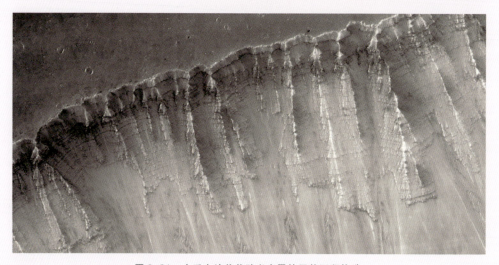

图 3-21　水手大峡谷谷壁上出露的层状沉积构造

从大峡谷的地形图中还可以看出,在巨大的近东西向峡谷系统的两侧,还有多个与大峡谷延伸方向大体一致,但延伸较小的沟槽,其中位于北侧的赫伯斯(Hebes)槽就很有特色(图3-22)。该沟槽总体呈不规则的椭圆形,中间保留了突出的台地(图3-23),两侧均不与外界连通。沟槽中原先的物质如何消失的?这还是个未解之谜。

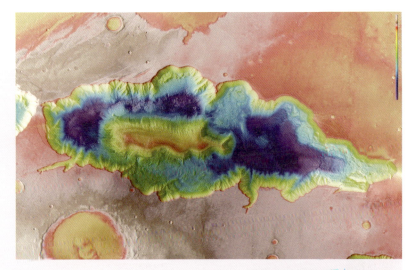

图3-22　赫伯斯槽全貌(据ESA)

图3-23　赫伯斯北侧槽壁上的滑坡特征和中间台地四周的冲沟都非常显著(据ESA)

探秘火星 揭秘篇

　　1972年，美国的水手9号探测器在火星表面拍摄到了如同地球干涸河床一样的地貌。这一惊人的发现引发了人们对火星是否曾经存在生命宜居环境的大讨论。随后，越来越多相似的沟谷地貌在火星表面被发现。火星上的沟谷系统多集中在赤道附近，两极地区也有少量分布。沟谷系统主要分为外流渠道、峡谷网和冲沟。

　　外流渠道的大小变化很大。大的地方宽度可以达到400km，深度达到2.5km；小的地方宽度不到1km。大多数渠道中都有明显的水流冲刷形成的地貌特征，它们的弯曲度小、长宽比大、分支复合现象明显，渠道中间经常可见泪滴状的孤岛。这些都与地球表面的洪水经过时形成的地貌相似。还有一些外流渠道明显起源于地堑，可能是由于张性破裂引发地下深层的液态水快速流出，形成洪水泛流地貌，或者是由于岩浆沿着岩脉侵入到冰冻层，引起冰冻水的融化并沿着裂隙流出（图3-24、图3-25）。

　　峡谷网常见于南部多撞击坑的高原区，空间分布无明显规律。大部分的峡谷网的长度都小于200km，终止于局部低洼区，也有个别的长达1 000km。虽然对于这些谷网的成因存在许多争议，但是液态水流成因是最可信的，尤其是在火星的北极

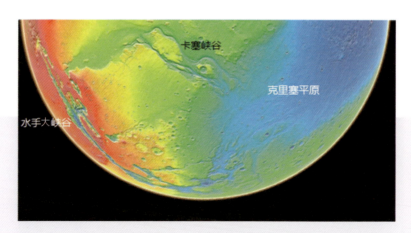

图3-24　火星水手大峡谷的东南出口（下）和卡塞溢流系统（上）

被确认有很厚的广泛分布的含水冰的冰盖之后(图 3-26)。科学家普遍认为,除了北极之外,火星地表之下存在一个全球性的含冰层。

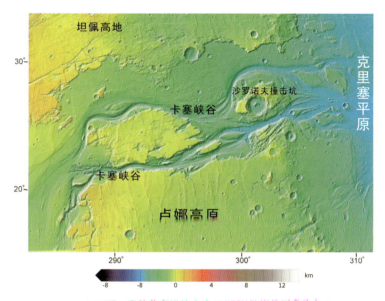

图 3-25　大峡谷东段的卡塞(Kasei)峡谷伪彩色高程图

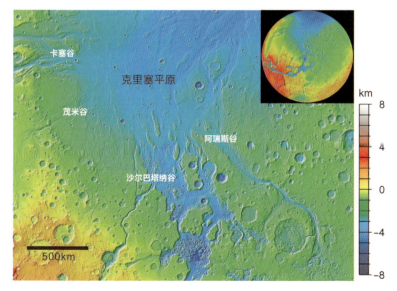

图 3-26　流入克里塞平原的几个峡谷网

知识链接　水系

在地球上,我们把一个流域内所有河流、湖泊等各种水体组成的水网系统称为水系。流水通过自身的力量不断侵蚀地表,再把侵蚀下来的岩石碎屑带走,逐步形成冲沟,由支流汇到干流,最终流到汇水的海洋或湖泊,形成由多个支流和干流组成的水系。因此,水系的形成需要很长的时间。火星上水系的发育,说明其表面曾经有长时间的流水地质作用(图 3-27)。

图 3-27　沃里格地区的树枝状水系支流

除了上述规模较大、分布较广的峡谷和沟槽外,由于重力垮塌作用,在部分撞击坑的坑壁上形成了很多类似冲沟的地形(图 3-28、图 3-29),有人认为这些冲沟可能与流水的活动有关。它们通常在上部有分叉,向下合为一个或多条沟谷,最终消失在三角形的堆积区。这类冲沟的宽度一般为几米到几十米,长几百米。因此,这类冲沟较前面的谷网渠道要小很多。这些冲沟可能是最近期形成的,因为在其表面几乎看不到撞击坑,而且它们切割了所有其他地貌,包括沙丘(图3-30)。此外,在撞击坑壁上还可以见到一些随着季节变化而呈现明暗和大小变化的条纹,被称为复现性斜坡纹,一般在夏季来临之际,条纹会变宽变长。研究冲沟和复现性斜坡纹的意义在于,它们可能与近期的液态水的活动有关。科学家在复现性斜坡纹中检测到了含水盐类的存在,意味着复现性斜坡纹可能与卤水(即浓盐水)的活动有关。

值得注意的是,大部分的冲沟都发育在火星的高纬度区域,但是赤道附近也能够看到,如图3-29所示,在南纬7.8°的克如帕克撞击坑陡峻的坑壁上的冲沟。这里,一些冲沟与复现性斜坡纹经常重叠在一起。这个撞击坑坑壁上颜色丰富,是由于组成岩石的多样性。红色部分是火星岩石遭受强烈氧化后的产物。

图 3-28　撞击坑坑壁上常见的冲沟

图 3-29　新形成的克如帕克撞击坑(Krupac Crater),坑壁上有大量冲沟

图 3-30　火星拉塞尔撞击坑(Russell Crater),内一个大沙丘表面的奇妙冲沟群

知识链接　复现性斜坡纹（RSL）

复现性斜坡纹：随火星季节变化，在温暖的环境下间隙性出现在向阳的斜坡上的条纹状地貌，尤其常见于水手大峡谷内（图3-31）。

撞击坑坑壁上的复现性斜坡纹，有人把它们解释为水参与的结果，也有人认为可能是二氧化碳在不同温度下凝华和升华导致上覆颗粒流动的结果。

图3-32是水手大峡谷内的复现性斜坡纹，由火星勘测轨道器上搭载的HiRISE高分辨率相机拍摄。该复现性斜坡纹出现在朝东的斜坡上，起源于布满大砾石的山坡，终止于斜坡底端的扇形沉积区。底端的扇形沉积区的物源可能就是来自复现性斜坡纹的长期输入。这里的斜坡纹上部色浅，下部色深，其原因还未查明。照片的右下角是峡谷底部深色的沙丘。

图3-31　复现性斜坡纹

图3-32　水手大峡谷内的复现性条纹
（据NASA/JPL/UA）

火星表面有水存在的证据还记录在水成矿物中，如水环境下形成的球形赤铁矿（化学成分为 Fe_2O_3），被称为"火星蓝莓"。

科学家们刚看到机遇号从火星子午线平原发回的赤铁矿珠子照片时，他们还以为这是火星土壤里生长的"蓝莓"。这些珠子看起来很漂亮，未来登陆火星后，也许可以把它们加工成饰品。

散落在基岩露头上的球形赤铁矿，是含铁矿物在水参与的情况下氧化后形成的（图 3-33）。

提到火星上可加工成饰品的物质，不得不提及火星上的另外一种水岩作用的产物——蛋白石。蛋白石是基岩与地表水相互作用后，二氧化硅析出形成的胶体（天然的、硬化的二氧化硅胶凝体，含 5%~10%的水分）。蛋白石在地球上较为

图 3-33　子午线平原上的"蓝莓"（据 NASA/JPL-Caltech/Cornell university/USGS/Cathy Weitz）

常见，质量好的蛋白石可以作为宝玉石，就是常说的欧泊。

火星上水手大峡谷中产出的浅灰色蛋白石，其表面被后来的深色沙丘所覆盖。将来人类踏上火星后，就可以在火星上开采这类宝石了（图3-34）。

图3-34 水手大峡谷中的蛋白石沉积区（据NASA/JPL/UA）

知识链接　蛋白石（欧泊）

蛋白石的化学成分组成是 $SiO_2 \cdot nH_2O$（二氧化硅和水组成的胶体矿物），宝石名称为欧泊（图3-35）。根据欧泊胚体色调的显示，它可以分为无色、白色、浅灰、深灰一直到黑色。欧泊是凝胶状或液体的硅石流入地层裂缝和洞穴中沉积凝固成无定形的非晶体宝石矿，其中也包含动植物残留物，例如树木、甲壳和骨头等。高等级的欧泊含水率可高达10%。欧泊是世界上最美丽和最珍贵的宝石之一，世界上95%的欧泊出产在澳大利亚。

在蛋白石形成过程中,含二氧化硅的溶液如岩浆般流入地层的缝隙地带并发生沉积。因此,火星表面存在欧泊,也是火星曾经有水活动的直接证据。

图 3-35 欧泊(蛋白石)原始石块的一个抛光面(a),可加工成首饰戒面(b、c)
(a 由曾荣吕供图;b、c 由文诚珠宝供图)

3.3.4 无所不在的风成地貌

虽然火星表面大气十分稀薄，其表面大气压不足地球的1%，但是风的活动却十分明显。火星表面每年一半的时间有沙尘暴活动，当太阳照射火星表面时，由于气压低，大气便能快速增加动能，风速大。加上低重力，尘埃很容易被卷入空中，最终形成尘暴。这些区域性尘暴有些甚至发展成全球性尘暴。

火星勘测轨道器（MRO）曾拍摄到火星全球性尘暴发生前和发生时的图像，2001年6月26日没有沙尘暴时火星表面形貌清晰可见，大气层中可见不均匀分布的白色云（图3-36左）。2001年9月4日沙尘暴肆虐时火星表面笼罩着薄薄一层黄雾，表面形貌朦胧模糊（图3-36右）。图3-37为水手大峡谷发生火星尘暴时的景象。图3-38展示了风暴过后的火星表面，大量松散物质堆积在表面。可见时隔2个多月，

图3-36 火星全球沙尘暴发生前(左)和发生时(右)时火星图像（据NASA）

图3-37 水手大峡谷之上的火星尘暴

火星表面的气候环境可以发生很大的变化。

大气活动的另外一种形式为尘卷风。在火星表面经常可以观察到尘卷风（图3-39）。当地表被加热时，上方空气便上升、旋转，挟带砂石，在低空中游走，带走上层浅色沙尘，暴露出下面的暗色沙子（图3-40）。

图3-38　风暴后的戈壁滩和沙丘（由海盗号火星车拍摄）

图3-39　火星表面的尘卷风（据NASA/JPL）

图3-40　多次尘卷风扫过地面留下痕迹（据NASA/JPL/UA）

火星表面有大量奇妙的沙丘(图 3-41 至图 3-46)，它们形成于低洼处，如撞击坑底、大型盆地底部和冲沟与山谷底部。这些沙丘的形貌与地球上的沙丘十分相似，主要分布在北极地区和南纬 40°～50° 区间。其中，图 3-46 为我国祝融号火星车在乌托邦平原南部的着陆点附近拍摄到的沙丘。与地球上沙丘的主要成分为石英不同，构成火星上沙丘的是玄武岩碎屑和石膏矿物碎屑、干冰等。

除了这些沙丘外，风的作用还会对松散的层状沉积物有搬运和再沉积作用。不过总体说来，风对火山和撞击区域的改造作用都很小。

风对岩石的侵蚀作用，还形成了很多雅丹地貌(图 3-47、图 3-48)。

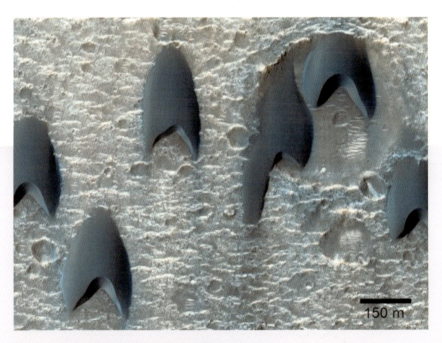

图 3-41 马沃斯峡谷(Mawrth Vallis)内的新月形沙丘
(美国火星勘测轨道器的高分辨率相机拍摄)

图 3-42 新月形沙丘链,多个新月形沙丘"手拉手"

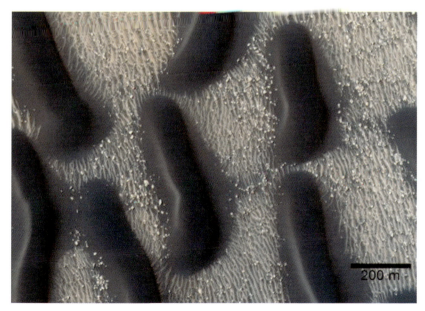

图 3-43 普罗科特(Proctor)撞击坑底部的黑色沙丘,这种沙丘由玄武岩颗粒组成
(美国火星勘测轨道器的高分辨率相机拍摄)

图 3-44 规则的线形沙丘,等距排列

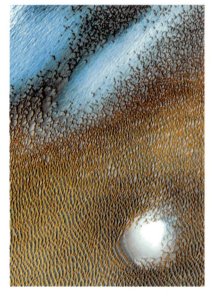

图 3-45 火星沙丘的伪彩色图像

图 3-46 祝融号火星车在乌托邦平原南部拍摄到的沙丘

图 3-47 雅丹(浅色突出的土丘)与暗色沙丘的完美组合(据 NASA/JPL/UA)

图 3-48 由基岩组成的雅丹头部被深色的沙丘包围(据 NASA/JPL/UA)

3.3.5 形态各异的撞击盆地和撞击坑

撞击构造是陨石或彗核之类物质对固态行星表面作快速冲击而形成的构造形迹。撞击过程对太阳系行星的演化和表面的改造起着十分重要的作用。撞击构造是太阳系行星共同经历的地质过程,它与行星的形成以及演化有着密切的关系。除了一些天体是直接由太阳系星云的灰尘和气体形成的(如太阳和气态的巨行星)以外,几乎所有其他的天体都是由早期太阳系的固态物质撞击和增生组成的。一连串的碰撞和增生,使得微米级的物体增大到数米至数十米,继而形成数千米到数万米的物体,然后增生成星子,最终形成各式各样的天体。这种撞击过程,会伴随天体生命的全过程。

火星表面和其他岩质行星表面一样,分布着大小不同、形态各异的撞击坑。根据撞击坑的形态、大小等特点,可以分为简单撞击坑、复杂撞击坑、多环盆地撞击坑。

简单撞击坑又称碗形撞击坑,直径较小,一般小于5 000m,坑的深度与直径比大约为0.2(图3-49)。坑底的基岩物质被抛射在坑边附近,挖掘作用后堆积在坑缘的松散物质又由于

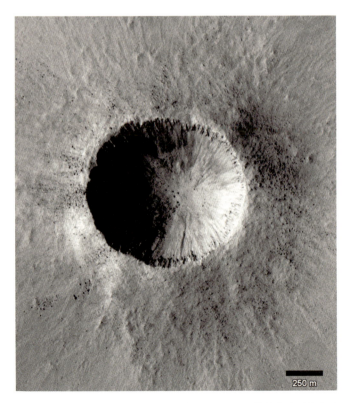

图3-49 直径为1 000m的简单碗型撞击坑

(据NASA/JPL)

重力作用滑向坑底和坑的中心。一些碗形坑中可见明显的暗色或亮色条痕，它们都是最近才形成的。在坑的外缘，也可见放射状的抛射线，它们可以是亮色的，也可以是暗色的。

简单撞击坑还包括一种较为特殊的形态——具有中心凹陷的撞击坑（图3-50）。这种构造被认为是在浅表层含有挥发成分所致（图3-51）。

图3-50　具有中心凹陷的多环状撞击坑（也被称为牛眼坑）
（据 NASA/JPL）

图3-51　"靶型"撞击坑——斯恰帕拉利撞击坑（据 NASA/JPL/UA）
（它位于火星赤道附近，坑内的同心环状构造可能是因为风、火山或水中沉积形成的地层。外侧周边布满了各种沙丘）

复杂撞击坑的直径一般大于简单型撞击坑,但是深度与直径之比明显偏小,并且随着直径变大而变小。这种撞击坑具有以下特征:①坑底开阔,存在小山一样的隆起区;②存在中央隆起(图3-52);③存在从坑壁向坑内的滑塌现象;④坑壁有连续的台地,表面有整体垮塌现象,有些撞击坑具有叶片状的溅射覆盖层(图3-53),可能是溅射物中挟带的气体或所含的水分,由于地表冰的冲击融化作用而开始活动,使溅射物沿着表面外流而生成(图3-54)。

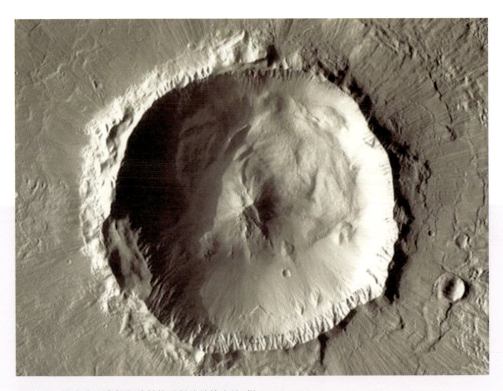

图3-52　具有中心隆起和放射状溅射纹的撞击坑(据NASA/JPL)

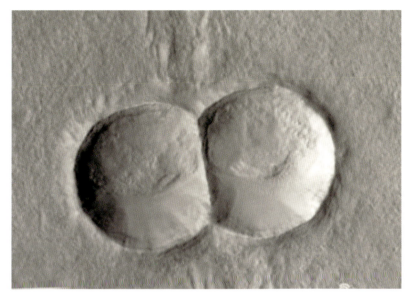

图 3-53 奇特的孪生撞击坑(据 NASA/JPL)

图 3-54 复杂撞击坑(据 NASA/JPL)

多环盆地撞击坑的直径一般大于 100km。在撞击坑的底部,经常具有中心环的构造。如果直径更大,则中心环会被若干个同心环所替代。

火星南部高原上 3 个最大的撞击盆地是海拉斯、阿吉尔和伊斯迪斯。

海拉斯盆地(图 3-55)是火星上最大的撞击盆地,其直径超过 2 000km,面积约为 320 万 km^2,深度超过 10km。

三者中最古老的撞击盆地是阿吉尔(图 3-56),其中心在西经 43°、南纬 50°。它有一个直径约 90km 的内部平原,由一个崎岖的山区环绕。山区环边沉积物覆盖区的直径约为 1 400km。

第三大盆地是伊斯迪斯(图 3-57),其直径约为 1 100km,并朝东北方向开口。沿着南部边缘,由一个 300km 宽的崎岖环边构成侧翼。

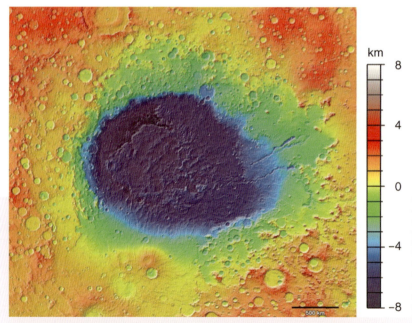

图 3-55　海拉斯盆地的伪彩色高程图(它的盆底与边缘的高差超过 10km,比珠穆朗玛峰的高差还大)

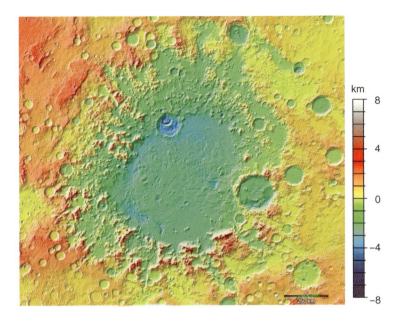

图 3-56 阿吉尔盆地的伪彩色高程图
(可见盆地形成后,边缘已垮塌,未见明显的环形山)

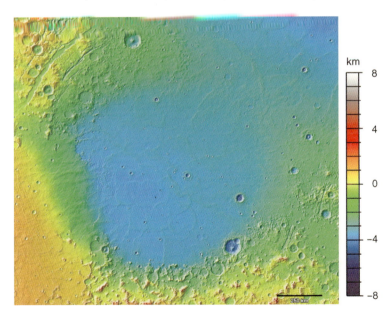

图 3-57 伊斯迪斯盆地的伪彩色高程图

知识链接　　撞击坑的形成过程

撞击坑的形成过程是当陨石撞击行星表面时,它所引起的瞬时高压和高温,将行星表面的物质挤压、挖掘和抛射后形成的负地形。由于撞击过程十分短暂,人类还没有直接观察到自然界撞击作用的发生。通过对已有撞击构造的研究和撞击模拟实验,撞击过程一般被分成3个阶段(图3-58),即接触—压缩阶段(a)、挖掘阶段(b、c、d)和改造及最终撞击坑的形成阶段(e、f)。

(1)接触—压缩阶段(a)

当冲击体和目标体接触并产生压缩时,冲击体的动能传递给目标体,并产生强烈的冲击波,目标体内的冲击波沿着近似半球形的前沿,从接触点迅速向外传播,瞬间压力甚至可以超过100GPa,冲击体迅速发生熔融甚至气化。在接触的界面处产生粒子的高速喷射,这些粒子不仅有熔融的目标体,也有冲击体的碎块和熔体。因为这些粒子的质量比冲击体小很多,由动量守恒可知,喷射物质的速率比撞击体的初始速率高许多倍。

(2)挖掘阶段(b、c、d)

冲击体的动能随着抛射物质动能和热量的增加而减少,当整个系统的压力和速率较低的时候,从胚坑中抛射出的物质质量最大部分溅射物,呈高角度弹道抛射到坑的上面,落下形成松散的碎屑层,铺在坑内;弹道角度较低的抛射物中动能较大的,可以形成二次撞击构造,剩下的便在坑外降落形成溅射毯。大部分溅射物是没有受到冲击熔融的目标体的碎块。冲击体一般会发生气化、熔融,在溅射物中仅保存约10%。

(3)改造及撞击坑的形成阶段(e、f)

此阶段包括坑壁的崩塌以及后期的侵蚀与充填。大型撞击坑一般都可以观察到坑壁的崩塌以及阶梯状坑壁。由于坑底岩石的非塑性回弹形成中央隆起,后期的各种作用也将改变或掩埋已形成的坑。

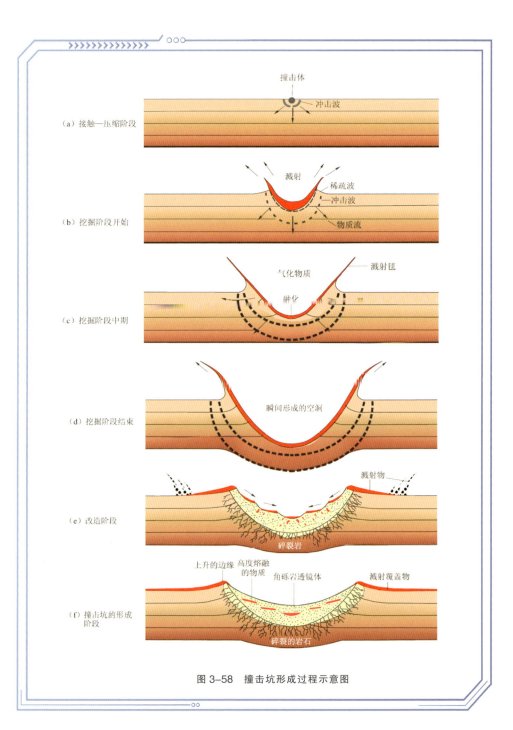

图 3-58 撞击坑形成过程示意图

3.3.6 曾经的湖泊

火星早期可能是温暖潮湿的，留下了很多流水冲刷的痕迹。这些流水也会和地球上一样，聚集在低洼处，形成湖泊。在火星上，大大小小的撞击坑和撞击盆地地势较低，成为地表水汇集和储存的良好载体。因此，一些与沟谷相连的撞击坑很可能就是曾经的湖泊。

科学家们根据沟谷与撞击坑组成的河湖系统的特征，将古湖泊分为3类：封闭系统古湖泊（图 3-59）、开放系统古湖泊（图 3-60）以及湖泊链系统（图 3-61）。封闭系统古湖泊是指只存在水流入的沟谷，而未发现流出通道的古湖泊系统；开放系统古湖泊是指同时具有水流入和流出通道的古湖泊系统；湖泊链系统则是由一系列古湖泊通过一个或多个河谷相连而构成的一整套湖泊系统。目前，火星全球已经发现了超过 400 个古湖泊，它们大多位于火星南部高原上，且约 70%分布在南北纬 30°之间（图 3-62）。此外，在火星南部高原和北部低地的交界处，古湖泊尤为集中，这可能是因为这一区域存在较多的外流河道，水从南部高原流向北部地势较低的平原，而这些河道为古湖泊提供了水源。

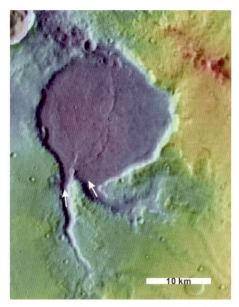

图 3-59 典型的封闭系统古湖泊
（箭头指示水流方向）

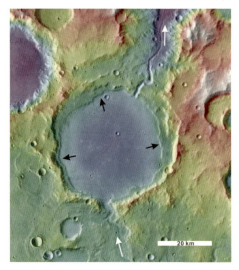

图 3-60 开放系统古湖泊（白色箭头指示水流方向，黑色箭头指示可能由沉积形成的阶地）

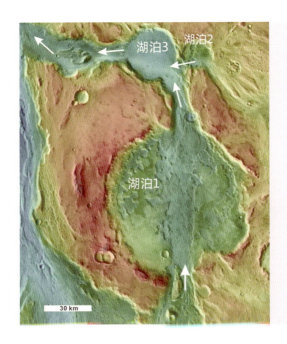

图 3-61 湖泊链系统
(箭头指示水流方向)

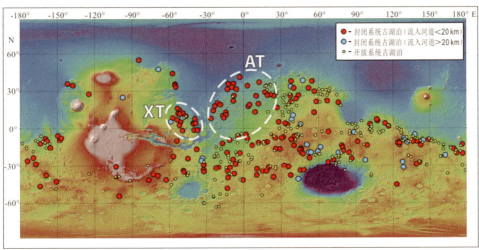

图 3-62 火星全球古湖泊分布图
[标有 AT 和 XT 的白色虚线范围内分别为封闭系统古湖泊高度集中的阿拉伯高地
(Arabia Terra)和赞西高地(Xanthe Terra)]

在古湖泊中,存在多种多样可能与湖泊沉积相关的地貌。其中最引人注目的是湖相三角洲。在地球上,三角洲通常是在河流流入广阔水体,如湖泊或海洋时,因流速减低,所携带的泥沙大量沉积而形成的扇状沉积体。如我国的黄河三角洲,美国的密西西比河三角洲等(图3-63)。在火星的多个古湖泊中,都发现三角洲的存在。例如位于火星伊斯迪斯(Isidis)区域附近的杰泽罗(Jezero)撞击坑,共有3条沟谷与之相连,因而它被认为曾经是一个开放系统湖泊(图3-64)。在其中一条流入河谷

图3-63　密西西比河三角洲的卫星遥感影像(据NASA)

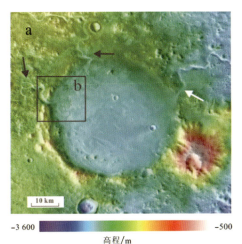
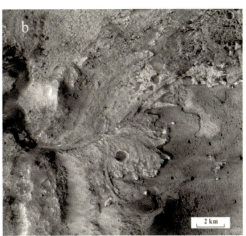

图 3-64　杰泽罗撞击坑(Jezero Crater)湖泊三角洲沉积及与之相连的峡谷

a 为杰泽罗撞击坑及与之相连的峡谷(黑色箭头指示的两条峡谷为水流入的通道,白色箭头指示的峡谷为水流出的通道。黑色方框中为 b 图三角洲所在的位置);b 为火星背景相机获取的杰泽罗撞击坑内的湖相三角洲影像

的末端,科学家发现了面积约 100km² 的大型三角洲。除了三角洲地貌,一些湖泊中也发现了水流侵蚀形成的阶地以及湖泊沉积物形成的层理(图 3-65)。

湖泊是孕育和保存生命的场所,因此历次火星探测都把曾经有水的区域作为探测重点。盖尔撞击坑就是一个位于火星南北地形分界处的古湖泊,好奇号火星车于 2012 年 8 月着陆于此开展详细探测。其着陆点位于火星盖尔撞击坑中部的夏普山脚下,它一路向西南驶向夏普山,截至 2019 年 4 月,它已经行驶了超过 20km(图 3-66～图 3-68)。

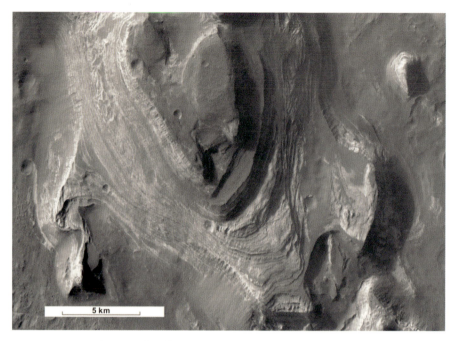

图 3-65　火星特比(Terby)撞击坑古湖泊中的层状沉积物

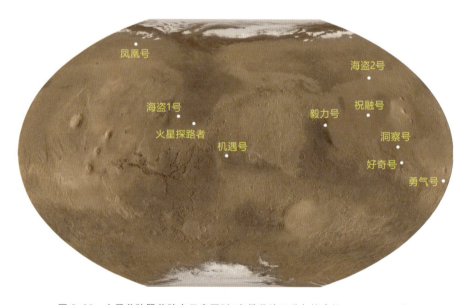

图 3-66　火星着陆器着陆点示意图［好奇号着陆于盖尔撞击坑(Gale Crater)］

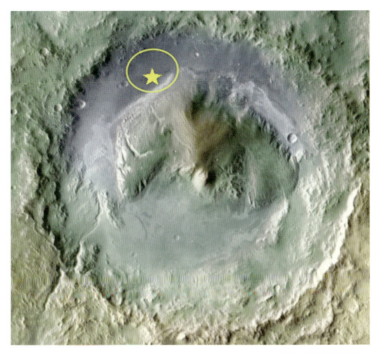

图 3-67 盖尔撞击坑(中央的山丘为夏普山,黄色五角星为着陆点)(据NASA)

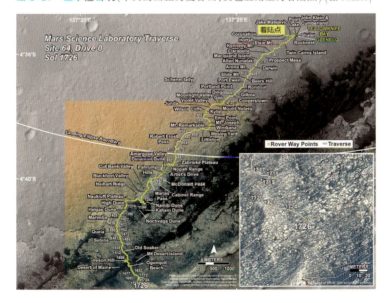

图 3-68 截至 2019 年 4 月,好奇号火星车的行驶路径(黄色曲线)(据好奇号科学团队)

1. 发现古河床

2012年，科学家在好奇号拍摄的照片中发现了一些光滑的鹅卵石。由于鹅卵石是在水流长期冲击下形成，因此这个发现为远古火星上存在河流的假说提供了佐证。同时，科学家还估算出这条河流的流速约为0.9m/s，深度不到1m。这是人类首次如此直观地对火星古河床进行观察（图3-69）。

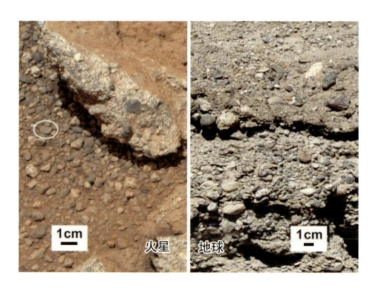

图3-69　盖尔撞击坑内的碎石与地球河床沉积的对比（据JPL）
(左图为好奇号火星车拍摄的照片，可以看到较为圆滑的鹅卵石。图中的景象与地球河床地貌极为相似)

2. 支持古湖泊的存在

好奇号在火星黄刀湾（Yellowknife Bay）发现了细粒的湖相沉积岩，并根据化学分析推断出当时湖水为中性，低盐度，且持续了数百年至数万年。此外，在该区域发现了C、H、O、S、N、P等与生命相关的元素。此后，当好奇号抵达夏普山脚下时，又拍摄到了夏普山底部均匀分层的岩石（图3-70）。对地层和地貌的分析也支持盖尔撞击坑曾经存在湖泊，但曾多次蒸发干涸，而夏普山可能就是由湖泊的沉积物长期堆积、风化而成，这一发现成为火星地质历史上曾存在流动水的又一有力证据（图3-71）。

图 3-70 夏普山脚下的层状沉积(好奇号火星车拍摄)

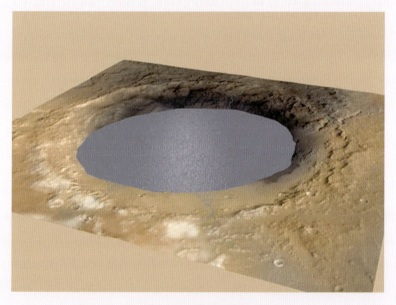

图 3-71 盖尔撞击坑湖泊艺术想象图(据 NASA)

3. 水分和有机物

好奇号利用携带的样本分析仪,将火星土壤加热至835℃的高温,其中分解出水、二氧化碳以及含硫化合物等物质,其中水的质量约占2%。这是一个令人激动的结果,意味着将来如果有人登上火星,只需在火星表面铲起土壤,加热之后就可能获得水。另一个重大发现则是在火星大气中发现了微量的甲烷,这说明目前火星上仍有甲烷的生成作用,如果这些甲烷是由生物活动产生,那么很可能意味着如今火星上依然存在生命!

火星湖泊主要在火星地质历史的早期活动(距今37亿年左右),说明当时火星可能存在较为温暖湿润的环境。而在此之后,火星表面的湖泊逐渐减少、消失,只剩下干涸的湖盆,说明火星的气候可能变得干冷。那么是什么原因导致了火星气候发生如此巨大的变化?也许随着好奇号火星车进一步的探索,以及人们对火星古湖泊研究的不断深入,科学家们最终将会揭开这个谜团。

3.3.7 神奇的极地地貌

火星的两极具有白色的极冠,类似地球南极的冰盖。极冠的成分和性质一直是科学家关心的热点问题之一。特别有趣的是,极冠的大小在火星的不同季节有比较大的变化,我们称这种现象为极冠的增长和后退。当极冠达到最大规模时,南极冠可延伸至南纬50°;而北极冠向南延伸的范围通常不超过北纬60°。北极冠中心覆盖于火星自转极轴之上,南极冠的中心则偏离自转轴大约5°(图3-72)。

通过火星环绕飞行器的遥感观测,我们知道极冠的主要成分是水冰,其次才是干冰(固态CO_2)。火星上的大气压力很低,以致液态水不能被稳定保存,而必将会在赤道区内很快地沸腾或是在两极附近被冻结。

火星北极的沉积分为两个单元,上部细粒的浅色单元和下部深色的基底单元(图3-73)。上部层状沉积在春季和夏季最明显,此时北极冠的涡旋构造和细粒沉积层理在向阳一侧的斜坡上显示得特别清楚;下部基底单元,表现为颜色深和粒度粗,与上部单元之间有明显的界线。

图 3-72 哈勃太空望远镜拍摄到的火星极冠
(左图上部为北极极冠,右图下部为南极极冠)

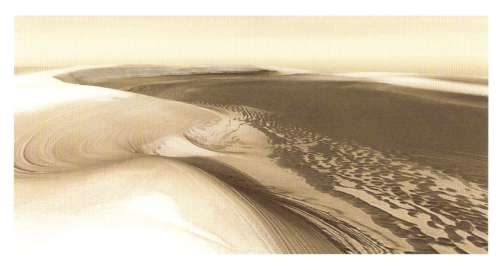

图 3-73 火星极冠的景观(据 NASA/JPL)
(水平方向和垂直方向比例不等,垂向拉伸较大,左边是干冰和细粒火星沙)

火星两极都有残留的 CO_2 冰盖，厚度约 1 000m，但是南极区的干冰盖更大更明显（图 3-74）。南极区有一个 300km×200km 范围的残留 CO_2 冰盖，位于极地最高处，偏移极地中心 150km 处。最明显的特征是发育铜钱状或硬奶酪状构造（图 3-75）。

这些不规则到圆形的坑，都有一个平坦的顶，底部高度也相当且布满花纹，坑壁陡倾。另外一种特殊的构造是指纹状构造（图 3-76）。有关这些特殊构造形迹的成因有多种解释，有人认为半圆形的坑是由于表层的 CO_2 干冰升华后，暴露了下面的水冰层。指纹状构造可能是半圆形升华坑相连形成的特殊构造形迹。

图 3-74　火星北极的冰盖（据 NASA/JPL）（其大小会随季节变化而变化，夏季变小，冬季变大，表面的白色冰盖主要是干冰）

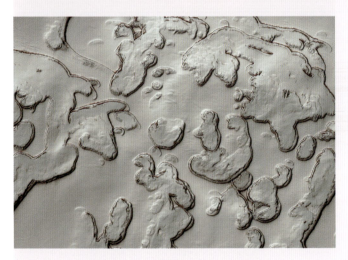

图 3-75　奇特的凹陷（据 NASA/JPL/UA）
（火星南极 CO_2 干冰升华后留下了奇特的洼陷地貌，迄今为止在地球上没有发现类似的地貌景观）

根据大量火星探测数据的分析,火星大气中的 CO_2 浓度最高,并且主要集中在两极地区,低纬度地区也有高异常区(图 3-77)。

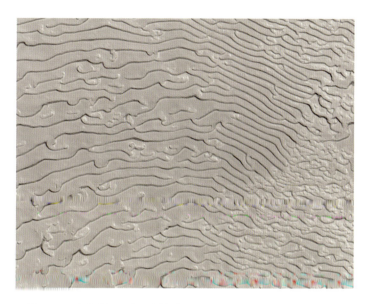

图 3-76 火星北极区春天来临时 CO_2 干冰升华后形成的指纹状构造
(据 NASA/JPL/HA)

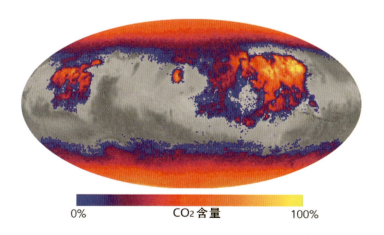

图 3-77 火星夜间 CO_2 干冰的分布(在两极地区有大量干冰的聚集)

3.4 火星的内部构造

对于火星内部构造的信息，主要是通过飞越和环绕火星的探测器利用重力信息以及天文观测得到的。火星的平均密度比地球、水星和金星小，略大于月球，这说明火星有不同的总体化学成分。科学家普遍认为，火星也具有壳、幔、核的构造（图3-78）。然而根据现有的探测数据，对于核的大小和成分尚存在着较大的争议。

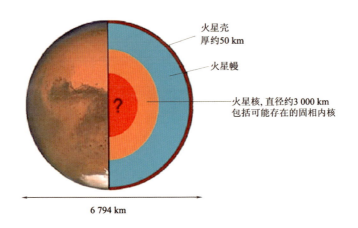

图3-78　火星内部结构示意图

火星的平均密度大约为 3.93g/cm³，低于地球但高于月球。这说明火星含铁量低于地球。根据火星探测器的重力数据可知，火星壳体的某些部分可能不是处于均衡状态。如果火星重力场的变化是由壳体厚度的变化所致，而设想壳与幔的密度比率小于 0.8g/cm³,这意味着火星壳的平均厚度至少有 30km。这说明火星是一个分异良好的行星。

在火星重力场分布图(图 3-79)上,沿着北部平原与南部高地之间的边界上没有重力异常,这说明南部高地与北部平原相比具有较低的密度和较厚的壳。

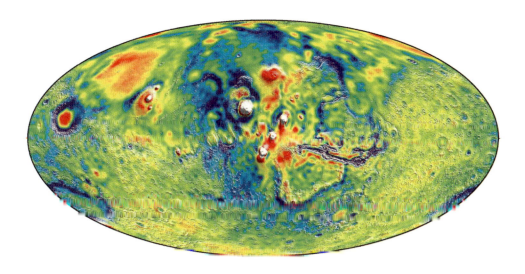

图 3-79 火星的重力场分布特征
(据 NASA/JPL)
(整体来看,显著的重力正异常出现在大型火山和伊斯迪斯盆地区,
南部高原整体比北部平原重力低)

2018 年 11 月 26 日,美国洞察号无人探测器在火星成功着陆,该探测器以探测火星的内部结构构造、成分和物理状态为主要目标,搭载了地震仪、热流计、自转和内部结构实验仪等多种设备。尽管在深部探测过程中遇到了重重困难,但它仍然取得了大量数据,大大加深了人类对火星内部结构的认识。

3.5 火星的地质演化

原始的火星是由太阳系的原始物质不断撞击增生形成的,这个过程被称为吸积作用。随着吸积作用的进行,物质的动能转化成了热能,从而使整个火星熔融,进而分异。较重的元素如铁,就会下沉到火星的核部;较轻的元素如硅等,就会上浮,形成幔和壳;最轻的气态元素,就会分布在火星的最外层,形成大气圈。分异的过程在火星形成初期的数千万年中就完成了。

科学家认为火星的地质演化可以分为6个阶段。

第一阶段,火星由于吸积作用形成于约45亿年前,在随后的数千万年中经历了分异作用,形成了核、幔和壳。现在我们能看到的古老的布满形态各异的撞击坑的南部高原,大约形成于42亿年前,巨大的撞击盆地(海拉斯、阿吉尔和伊斯迪斯)也是在剧烈轰击的最后阶段形成的。

第二阶段,萨西斯地区的隆起。其形成的可能原因包括幔层中垂向对流作用或者分异作用。与此同时,树枝状河道侵蚀了古老南部高地。科学家们普遍相信,火星早期曾经拥有相对浓密的大气层,同时,由于火山喷发等释放出大量气体(被称作"排气作用"),使大气层不断得到补充,因而得以在相当长的时间内持续存在。并且,当时的火星大气是相当湿润的,存在大量水汽,也因此存在大范围的降水过程,其在火星表面产生了一系列的河道等水网体系,并留下明显的水流冲刷痕迹。大气圈的逸散作用最终超过了"排气作用",所以利于降雨的温室条件就不可能继续维持下去。随着温度的继续下降最终形成地下冰。由于冰层的厚度不断增加,被圈闭在冰下的水的围限压力也随之增高,于是形成了具区域规模的自流泉。地下冰的局部融化可能与火山活动的发生有关。

第三阶段,火山平原的广泛形成。该时期大量喷发的玄武岩可能覆盖了约

30%的火星表面。

第四阶段，萨西斯地区继续隆起，并有更多的放射状断裂形成。在萨西斯隆起区的东边，形成了水手大峡谷，并且地下水被释放从而形成了伴生的渠道并产生了更为杂乱的地形。

第五阶段，萨西斯隆起区被相对较完整的熔岩所覆盖，形成了4个巨型的盾形火山（奥林帕斯山、阿希亚山、帕乌尼斯山和阿斯克瑞斯山）。北部低地被火山平原和/或风成沉积物所覆盖。

第六阶段，风的活动在塑造火星地表景观方面起着重要的作用。大量的物质明显地在赤道地区被侵蚀掉了，并且在两极沉积下来而形成极地的层状沉积和下伏的块状沉积（非层状）。后者由于经受了侵蚀而成为蚀斑平原。自蚀斑平原和成层沉积物中侵蚀下来的物质，曾被吹散返回赤道。这些物质中的一部分组成一个环绕着北极地区广阔的沙丘分布区。

总之，火星就其地质演变程度而言似乎是介于月球和地球之间的。火星上大多数的地质活动终止于10亿～20亿年之前，或者还可能几乎持续到现代。

和地球上的地质年代相似，科学家也对火星的地质年代进行了划分（图3-80）。

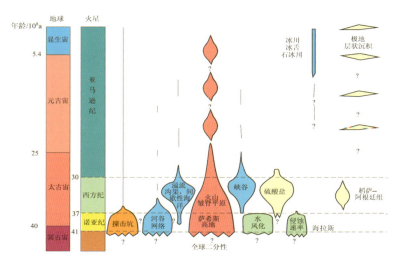

图3-80 火星的地质演化历史与主要地质事件（据Head, 2006）

最古老的时代称为诺亚纪,时间大约是46亿~37亿年前,再分为早、中、晚诺亚纪。这时期火山活动旺盛,陨石撞击频繁,大气层较厚(至少早期是如此),也可能更温暖,而且水分多,可能存在湖泊甚至海洋,侵蚀旺盛,形成河谷,水流也带来沉积物沉积,形成萨西斯高原。此时期是以南半球的古老诺亚高原命名。

接下来的时代称为西方纪,37亿~30亿年前,再分为早、晚西方纪。此时期是一个转换到现在的过渡期,大量的水开始渗入地底冻结,由于水的减少,侵蚀搬运减少,虽然有时会有地下水层爆发造成局部的崩塌、洪水。这个时期的地质作用减少,主要是大片熔岩平原形成。此时期是以一个南半球中年的西方高原命名。

最年轻的时代是亚马逊纪,从30亿年前至今,再分为早、中、晚亚马逊纪。此时期与现在类似,干、冷,地质作用和陨石撞击更少,但更多样,而不时有少量水分自地下溢出至大气或地表,形成溪壑。奥林帕斯火山和熔岩平原在此时最终形成。此时期是以北半球的一个年轻、被熔岩填平的亚马逊平原来命名。

目前火星的地质年代划分相对地球来说,还相当粗略,而对于火星早期的气候特点和地质条件,尚存在其他不同的观点。希望将来能利用更新、更高质量的数据,进一步了解火星的气候环境变化,开展更精细的地质年代划分。

3.6 火星的卫星

火星拥有2颗卫星,它们是由美国天文学家阿萨普·霍尔(Asaph Hall)于1877年发现的,分别是火卫一(Phobos)和火卫二(Deimos)(图3-81)。这2颗卫星几乎都有正圆形轨道,此轨道位于火星的赤道平面上,其旋转轴均正交于该赤道平面。它们的基本参数见表3-2。

火卫一是一个不规则形状的天体，其尺寸约为 27km×22km×18km。火卫一运行在距火星表面 6 000km 的轨道上，它是太阳系中已知距离母星最近的卫星。由于它的轨道距离火星的中心非常近，因而其环绕速度较高。如果站在火星表面观察火卫一，会发现它从西边升起，很快地划过天际，从东边落下。根据影像和模型，科学家推测，火卫一的轨道半径会逐渐降低，最终坠落在火星表面，或者被潮汐力撕碎成更细小的碎块环绕火星，形成类似土星环的物质。

火卫一是太阳系内反照率最低的天体，其表面布满了大小不等的撞击坑，其中规模最大、最明显的撞击坑叫作斯蒂克尼撞击坑。它是一个直径达 10km 的细长沟状凹陷，约为火卫一直径的 40%（图 3-82）。

火卫二相比火卫一而言，体积更小，形状更加不规则。其尺寸约为 15km×12.2km×11km。从整体而言，它的表面要比火卫一光滑得多，这可能是由于表面风化物充填了一些撞击坑。雷达数据的分析表明，这些风化物具有很高的孔隙度，其密度大于纯水，约为 1.471g/cm³。

图 3-81　火卫一与火卫二的大小与形状对比

探秘火星 揭秘篇

两颗卫星上的撞击坑的形态从椭圆到圆形,具有不同程度的清晰度或新鲜度。很多撞击坑具有隆起的环边,但不具中央隆起或明显的溅射毯或放射纹。

在火卫一上,最使人困惑的地形是成群的沟槽,它们宽150～200m,深度都很小。沟槽的间距与其宽度相等。有些沟至少约5 000m长,最长的可能达30 000m。它们看上去至少有两组,相向倾斜,夹角大约为10°。

两颗卫星表面都有一层风化层。火卫一上的风化层看上去有数百米厚,而火卫二上的风化层则只有数米或几十米厚。火卫二上覆盖着长条形的由亮度较大的物质组成的沉积物,与撞击坑共生。相似的明亮斑点,在火卫一上没有看到。由于火卫二风化层较薄,其撞击坑有较老、较明亮的物质露出。

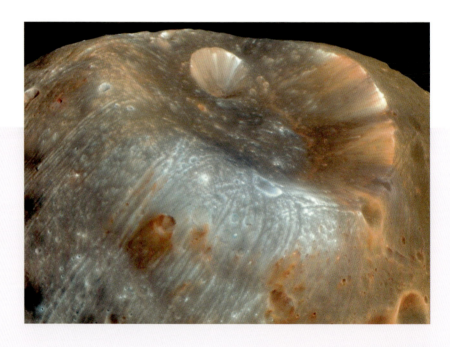

图3-82 2008年3月由火星勘测轨道器拍摄的斯蒂克尼撞击坑(Stickney Crater)

火卫一和火卫二表面可见光的光学特性（颜色、反照率、相位函数）表明，两颗卫星具有相似的表层。两者均呈深灰色，且有低反照率（约6%），其表面可能被与碳质球粒陨石或玄武质类似的物质所覆盖。科学家认为，它们可能是由类似于CI型球粒陨石物质所组成。

两颗卫星上的撞击坑密度均与月球高地相当，说明卫星的年龄有数十亿年之久。关于它们成因的两个主要假说：吸积作用和捕获。根据吸积作用的假说，卫星是由形成火星后剩余的物质在原地形成的。这一成因假说对卫星的轨道特性是有利的。捕获假说认为卫星是在太阳系中其他地方形成的，随后才被捕获到环绕火星的轨道上。事实上，两者的轨道平面位于火星赤道平面内，这可能是个巧合。如果它们起源于小行星带，那么卫星存在着显著的碳质球粒陨石的组成特征，就可以得到解释。在小行星带内，这种物体是常见的。因此，尽管其轨道的特性看起来难于用捕获起因来解释，但大多数研究者相信火卫一和火卫二可能都是从小行星带中捕获的物体，并且不规则的外形表明了它们是一个更大物体的碎块。科学家曾设想过它们可能是同一物体的碎块，当它被捕获到环绕火星轨道时发生了破裂。

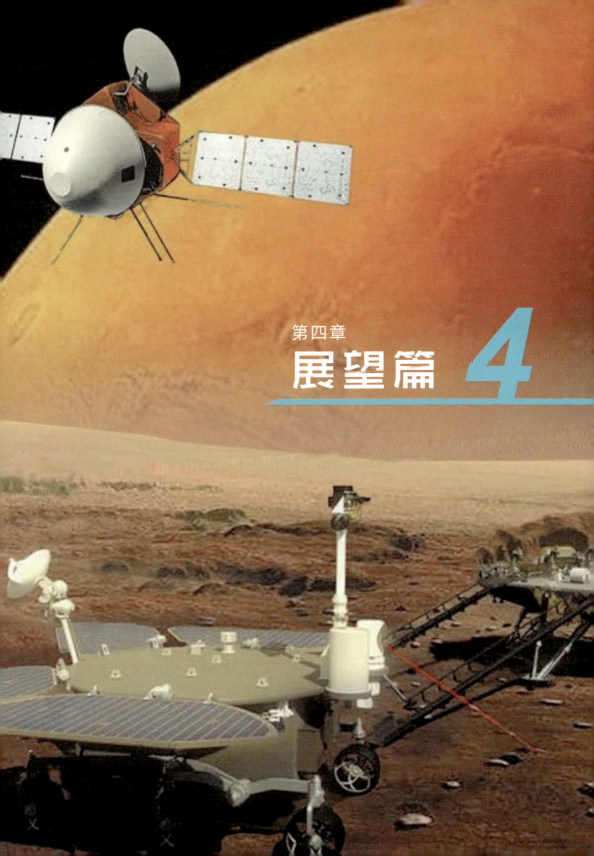

第四章
展望篇 *4*

探秘火星 展望篇

4.1　未来探测计划

21 世纪以来,人类的科技水平有了飞跃式的提升,各国的各种航天器竞相发射升空。而在火星探测方面,也从过去的以美苏两国为主,逐渐加入了更多参与者。

目前人类主要针对太阳系的行星、小行星、卫星和彗星等天体进行研究,其中主要是对太阳系八大行星的研究,其探测的主要目的是:①确定太阳系的起源与演化;②确定生命的起源与演化;③发现类地星体的过程与宜居环境产生的机制。后来 NASA 在深空探测路线图中,还将对生命宜居环境的研究扩展到了系外行星。而我们知道火星是太阳系内与地球最为相似的行星,且火星的运行轨道也刚好位于太阳周围的宜居带范围内,所以在开展搜寻地外生命的行星际探测任务时,人类往往首先会将火星作为目的地。

火星目前作为除地球以外研究程度最高的行星,在其探索历史中功劳最大的就是近几十年来发射的多个火星探测器。在此之前,人类的探测器已经实现了对火星的飞掠、轨道绕转、无人着陆等探测方式。在未来还将进行取样返回研究,甚至使用航天器搭载人类登陆火星并进行实地研究。

火星的发射窗口间隔是 26 个月。每一次"窗口期"开启时,世界各国(组织/机构)就会抓住这成本低、时间短的好机会,向火星发射探测器。如 2003 年年中就是一次火星发射窗口,当时美国相继发射了机遇号和勇气号两辆火星车,欧洲空间局也发射了火星快车轨道器。相似地,2005 年、2007 年、2011 年、2013 年、2016 年、2018 年和 2020 年也都有火星探测器抓住珍贵的"窗口期"从地球出发,飞向这颗红色星球。

美国、欧洲空间局、俄罗斯、印度等国家(组织、机构)相继发布了未来几年的火星探测计划(表 4-1)。

表 4-1　未来 10 年的火星探测计划

预计发射时间	任务名称	实施国家(组织/机构)
2022 年	ExoMars 任务(第二阶段)	欧洲空间局/俄罗斯
2022 年	火星太赫兹微卫星(TEREX)	日本
2024 年	光子号(Photon)	美国火箭实验室公司(Rocket Lab)
2024 年	曼加里安-2 号(Mangalyaan 2)	印度
2024 年	火星卫星探测器(MMX)	日本
约 2030 年	火星采样返回任务	美国-欧洲联合、中国

4.1.1　ExoMars 任务(第二阶段)

按照原先计划,在 2020 年夏天的这个火星发射窗口,全世界应有 4 次发射,除了前面提到的阿联酋、中国和美国的任务之外,欧洲的 ExoMars2020 任务第二阶段(图 4-1)——罗莎琳德·富兰克林(Rosalind Franklin)号漫游车也应发射升空,但此次任务被再次推迟了。

ExoMars(Exobiology on Mars,即火星生物学项目),是由欧洲空间局与俄罗斯国家航天集团公司(Roscosmos)联合实施的一项天体生物学项目。其目标是搜寻火星远古时期生命存在的迹象,调查火星水体和地球化学环境如何发生演化,考察火星大气稀有气体成分并确定其来源,并为未来火星采样返回积累技术经验。

整个项目共分为两个阶段,第一阶段是在 2016 年发射微量气体轨道器(TGO)进入火星轨道并释放斯恰帕拉利号着陆器。TGO 与其搭载的斯恰帕拉利号着陆器于 2016 年 3 月 14 日发射升空,随后于 2016 年 10 月 19 日成功切入火星轨道。入轨后 TGO 开始进行针对火星大气中甲烷和其他痕量气体的探测工作,推测这些气体可能是生物或地质活动的产物。

图 4-1　ExoMars 第二阶段任务示意图
[俄罗斯研制的"哥萨克舞"(Kazachok)着陆器，以及欧洲研制的罗莎琳德·富兰克林号漫游车]

  2016 年 10 月 16 日，TGO 释放斯恰帕拉利号着陆器，并开始尝试在子午线平原(Meridiani Planum)着陆，但由于技术故障，着陆未能成功，斯恰帕拉利号着陆器已经坠毁(图 4-2)。该着陆器原本的目的是为未来的着陆器测试关键技术。

  项目的第二阶段原计划在 2020 年 7 月实施火星着陆任务，即俄罗斯研制的哥萨克舞着陆器，着陆后，它将释放欧洲研制的罗莎琳德·富兰克林号漫游车。然而在 2020 年 3 月 12 日，第二阶段被宣布推迟到 2022 年实施，原因主要是发现降落伞存在问题，且无法赶在发射窗口关闭前解决。假如 2022 年欧洲能够实现火星着陆，那么欧洲届时将有望成为继美国和中国之后，世界第三个有能力开展火星着陆和巡视探测的国家(或组织)。不过，国际上还有其他同样计划利用 2022 年发射窗口的火星任务，因此欧洲能否拿到第三的名号，尚存变数。

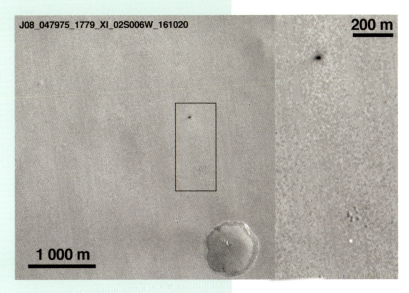

图 4-2　美国火星勘测轨道器(MRO)拍摄的图像(据 NASA)
(图中黑色斑点为坠毁的欧洲斯恰帕拉利着陆器)

4.1.2　火星太赫兹微卫星(TEREX)

太赫兹探测者任务是日本的一个计划中的轨道飞行器和着陆器,它将携带一个太赫兹传感器到火星表面,以测量火星大气中氧同位素比值。该任务的目标是了解向大气补充二氧化碳的化学反应链。

该着陆器原计划在 2020 年 7 月火星发射窗口期间作为运载工具发射,但随后被推迟到 2022 年。另外一个专门的探测器 TEREX-2,计划于 2024 年发射。它将对火星大气和火星表面的水、氧含量进行全球性调查。

这项任务由日本国家信息和通信技术研究所(NICT)和东京大学智能空间系统实验室(ISSL)共同设计开发。

如果成功的话,这将是日本继 1998 年命运多舛的"希望号"之后首次成功发射火星探测器。

4.1.3 光子号(Photon)

作为逃逸和等离子体加速和动力学探索者(EscaPADE)任务的一部分,美国光子号任务的科学目标是探测太阳风与火星大气的相互作用(图 4-3)。这是一次小型的火星商业飞行计划,但是存在很大的变数。

火箭实验室(Rocket Lab)2021 年 6 月 15 日宣布,它赢得了加州大学伯克利分校空间科学实验室(SSL)的一份合同,开始设计新版本的逃逸与等离子体加速和动力探测器火星任务。两艘 EscaPADE 飞船将进入火星轨道,以研究太阳风与火星大气的相互作用。

EscaPADE 是 NASA 在 2019 年选择的 3 个任务之一,包含在 NASA 的小型行星探索创新任务(SIMPLEx)之下。目前发射安排暂不清楚。火箭实验室发布的新闻稿称,宇宙飞船将于 2024 年搭载"美国宇航局提供的商业运载火箭"发射。

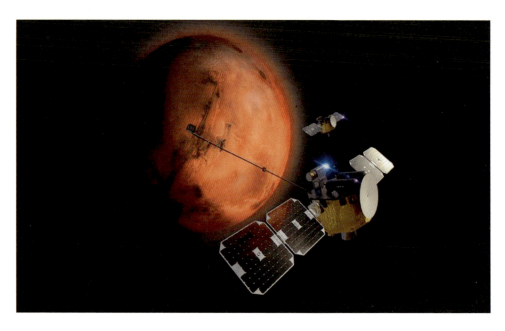

图 4-3　美国的光子号

4.1.4 曼加里安-2号(Mangalyaan-2)

曼加里安-2号(Mangalyaan-2)即火星轨道器任务,是印度空间研究组织计划的第二次星际任务,但是具体细节尚未见公开报道(图4-4)。在2019年10月的一次采访中,维克拉姆萨拉巴伊空间中心主任表示,可能会包括一个着陆器,但在2021年2月印度空间研究组织主席接受《印度时报》采访时澄清,该任务只包括一个轨道器。轨道飞行器将使用空气制动来降低其初始远地点,进入更适合观测的轨道。印度空间研究组织计划在2024年发射该任务。

此前,印度和法国于2016年1月签署了一份意向书,印度空间研究组织和法国空间科学中心在2020年前共同建造火星轨道器2号。但到2018年4月,法国还没有参与这项任务。印度政府在2017年的预算揆案中为这个任务提供了资金,印度空间研究组织正在考虑,是执行轨道飞行器/着陆器/月球车联合任务,还是只选择一个比在首次轨道器任务上搭载更多仪器的飞行器。因此,任务的架构尚未最终确定。

图4-4 印度的火星轨道器2号(据金融时报)

目前确定的科学有效载荷总质量约 100kg。正在开发的科学有效载荷之一是名为 ARIS 的电离层等离子体。它由空间卫星系统和有效载荷中心开发，该中心是印度空间科学和技术研究所的一个分部。

4.1.5 火星卫星探测器(MMX)

火星卫星探测器预计于 2024 年发射，计划从火星最大的卫星火卫一带回第一批样本（图 4-5）。MMX 由日本宇宙航空研究开发机构（JAXA）开发，于 2015 年 6 月 9 日宣布，MMX 将登陆火卫一并收集一两次样本，同时进行火卫二的飞掠观测并监测火星气候。

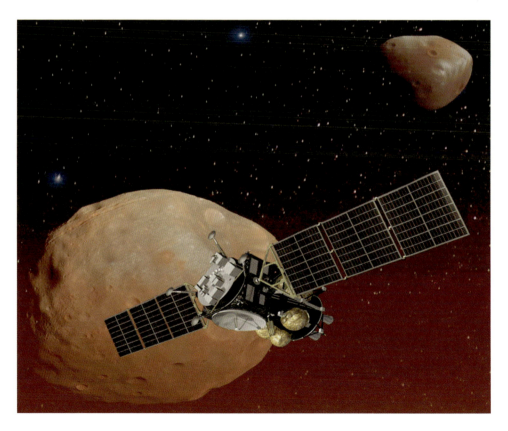

图 4-5　日本 MMX 卫星飞越火卫一（据 NASA）

该航天器将首先进入火星轨道,然后转移到火卫一上,着陆1～2次,并使用一个简单的气动系统收集火卫一表面的细粒风化层物质,目标是取回至少10g的样本。然后,航天器将从火卫一起飞,对较小的卫星火卫二进行几次靠近飞行,任务结束后,再将返回舱送回地球,计划于2029年7月抵达地球。这个任务有个难点,由于火卫一和火卫二的质量太小,无法捕获卫星,所以航天器不可能像通常意义上那样绕火星卫星运行。为此工程师们采用了一种特殊的轨道,被称为准卫星轨道,它足够稳定,允许在卫星附近运行几个月。

该项任务搭载的仪器包括以下几种。

(1)望远镜星下点地貌相机(TENGOO),类似窄角视场相机,用于对地貌开展高分辨率照相,开展详细的地形研究。

(2)光学辐射计/彩色相机(OROCIII),它由彩色成像仪、宽角视场可见光相机组成。

(3)激光雷达-光学探测和测距(LIDAR),使用激光从火卫一表面反射光线,以研究表面地形和反照率。

(4)红外光谱仪(MIRS),为矿物质成分探测的近红外光谱仪。与法国空间研究中心合作开发。

(5)伽马射线和中子能谱仪(MEGANE),探测火卫一表面的元素成分,与美国宇航局合作开发。

(6)环火星尘埃监测仪(CMDM),用于描述火卫一和火卫二周围环境的尘埃计数设备。

(7)质谱分析仪(MSA),用于研究火星周围离子环境。

日本宇宙航空研究开发机构将与日本广播公司合作开发"超级高视觉摄像机",该摄像机结合了4K和8K分辨率技术,这将是首次以8K分辨率拍摄火星。图像将与飞行数据一起定期传回地球,以重建火星及其卫星周围的景象。原始图像数据将储存在MMX返回舱的一个记录设备中,作为此次任务的采样返回部分一并带回地球。

此外，他们还将以重力梯度仪（CGM）、激光诱导击穿分光仪（LIBS）和任务生存模块（MSM）作为附加仪器。

该航天器将搭载一个由法国国家空间研究中心和德国航天中心提供的小型巡视车。巡视车将配备摄像机、辐射计和拉曼光谱仪，用于对火卫一进行原位表面探测。

在采样方案方面，MMX 的取样器配备了两种取样方法：岩芯取样器（C-SMP）用于获取距离火卫一表面 2cm 以下的风化层，以及气动取样器（P-SMP）用于获取火卫一近表面的风化层，计划收集超过 10g 的风化层物质。

目前的任务规划是，2024 年 9 月发射，2025 年 8 月着陆火卫一，2028 年启程返回，于 2029 年 7 月抵达地球。

4.2　火星采样返回

美国、欧洲空间局和中国都计划在 2030 年前后从火星表面采样返回，但是目前还未公布具体的任务细节。作为未来载人登陆火星的需要，先期开展采样返回任务，验证相关技术，应该是必不可少的。

火星采样返回还被美国宇航局列为"2013—2022 年行星十年调查中最高优先级旗舰任务"。然而，这项任务一直受到工程难度和费用的阻碍。目前，毅力号火星车正在火星表面工作，已采集到并封存岩石样本，并将由后续任务带回地球（图 4-6）。

在采样返回呼声很高的同时，也有人担心可能存在的火星生命入侵地球。尽管目前还没有发现火星上有生命存在；但是，如果有不同的物种被带回地球的话，它的影响也不可小觑。当然，全世界的科学家早就关注了这个问题，并制定了相应的行星保护法规，并已经根据地外样本的来源（如小行星、月球、火星表面等），制定了一套基本的地外样本返回指南，各个国家都会遵守。

图 4-6　火星采样返回想象图(据 NASA/JPL)

4.3　载人火星探测

我们这代人可能正处于某种临界门槛之上：自从半个多世纪之前第一颗人类探测器飞掠火星以来，已经有超过 40 次飞向火星的任务，有 6 个国家(组织)参与其中，其中有两个国家实现了对火星地表的着陆巡视探测，在 2021 年，人类还首次实现了在地球之外另一颗行星上的首次直升机飞行。

但以上所有这些探测方式都有一种共同点：它们都属于无人探测。而事实上，早在19世纪，科幻小说家们便已经开始幻想有朝一日人类能够实地踏足这颗红色星球。而在20世纪60年代末至70年代初美国阿波罗载人登月计划首次实现人类宇航员登陆另一颗天体的壮举之后，人们一度非常乐观，认为过不了多久，载人火星探测就将实现。

然而半个多世纪过去，人类宇航员竟再也没有离开过地球轨道。在载人深空探索方面，历史仿佛陷入了停滞一般。直到近十年，随着新一轮航天热潮兴起，尤其商业航天势力的异军突起和新玩家的加入，载人火星探测话题再次引起大家的关注。

4.3.1 美国政府：重返月球，飞向火星

首先必须关注的当然还是美国。作为人类航天技术最强的国家，也是唯一实现过载人登陆地外星球壮举的国家，人们普遍关注美国在这方面的进展。

美国政府目前的计划是先月球，后火星。事实上，美国好几届政府都曾喊过"重返月球"的口号。早在2004年，小布什政府就宣布了"星座计划"，要求美国宇航员在"不迟于2020年前"重返月球，还拍摄了非常精美的宣传片。可惜美国政党轮替，2007年11月，继任的美国奥巴马政府宣布，为了节省经费投资教育，将"星座计划"推迟5年；但在2008年发表的政策演说中，奥巴马宣称，他仍然希望美国能够在2020年前实现重返月球的目标。时间一直到2017年6月30日，美国总统特朗普签署了一项行政命令，重建了美国国家航天委员会（NSC），由副总统迈克·彭斯（Mike Pence）领衔，统筹协调美国的航天政策和计划。

随后，美国正式公布了新的计划和时间表。新计划名为"阿耳忒弥斯"（Artemis）。在希腊神话中，阿耳忒弥斯是太阳神阿波罗的孪生姐姐，也是月亮女神。从这个命名中，就可以窥见美国重返月球的雄心，以及这个新计划与半个世纪之前阿波罗计划之间的继承关系。

根据这个计划，美国将在2024年将美国宇航员送上月球。但据最新消息显示，美国宇航局已经表示，在目前的预算限制和技术进展情况下，他们将无法实现在2024年重返月球的目标，并表示最快也只能在2025年以后才能让美国宇航员重

登月球表面。同时，美国宇航局也一直在考虑在 2030 年实现载人登陆火星的可能性。

4.3.2 马斯克的太空雄心

不过美国航天的特殊之处在于，除了"国家队"之外，其私营航天领域发展取得了惊人进展。以 SpaceX 为代表的航天新势力逐渐步入舞台中央。其创始人埃隆·马斯克从一开始就毫不掩饰他对载人登陆火星，甚至实现火星殖民的渴望。

马斯克对他的火星载人项目进行了认真规划，并正朝着目标推进，包括完全可重复使用的重型火箭、载人飞船等一系列相关的技术准备。最开始，他们希望能够在 2024 年将第一个地球人送上火星表面；但随后在 2020 年 10 月，马斯克改口将 2024 年确定为发射无人着陆器登陆火星的目标时间；但与此同时马斯克也对媒体表示，他本人非常有信心，人类首次载人火星飞行将在 2026 年进行。

实现这项壮举的关键在于"星舰"(Starship)(图 4-7)。这是一种完全可重复使用的超重型载人星际飞船，SpaceX 从 2018 年开始一直在全力对其进行各项测试，并快速升级迭代技术。

图 4-7　参与美国"重返月球"计划载人月面着陆器竞标的三方，最终 SpaceX 的星舰方案胜出（据 NASA）

为了增大搭载量,根据设计,星舰届时将升空并在地球轨道上停泊,等待进行燃料补加。补充燃料后它将启程飞向火星。最终它将整体着陆到火星表面,并使用火星本地资源生产的燃料对自己的燃料损耗进行补充,用于返回地球时使用。

马斯克不止一次在公开场合表达了他对人类大规模移居火星的梦想。而SpaceX通过完全可回收火箭技术击败竞争对手,横扫火箭发射市场;随后借助自己的低成本入轨技术,又开始以极快速度发射"星链"(StarLink)系统,企图切入未来天基无线通信和下一代互联网技术领域。2021年,在与联合发射联盟公司以及蓝色起源公司的竞争中,SpaceX的星舰拿下了美国宇航局"重返月球"计划的运输工具合同,这是马斯克的重大胜利,因此从目前来看,真的不能排除未来火星载人飞行任务并非由某个国家,而是由一家私营企业实现的可能性,当然更大的可能还是和美国宇航局合作,以公私联手的方式实现这项前所未有的工程奇迹。

4.3.3 后来居上的中国

随着天问一号成功抵达火星,其搭载的祝融号火星车也成功降落火星表面并开始巡视探测,中国由此后来居上,成为继美国之后,世界第二个达成这一成就的国家。从趋势看,中国的航天计划步步为营,稳扎稳打,后劲十足,且中国和美国一样,在航天领域是全面发展的综合性航天大国,是世界上除了美俄之外唯一一个有能力独立开展载人航天的国家,因此,在中国相继实施无人月球探测,以及无人火星探测计划之后,人们开始设想中国航天的下一步会走向哪里,是否考虑过载人火星登陆的可能性。

答案是肯定的。

和美国一样,中国也将月球作为验证自身相关技术的舞台,磨炼自己最终飞向火星的技术和信心。2019年初,中国的嫦娥四号首次突破月球背面软着陆技术,成为世界首个在月球背面实施着陆巡视的国家;一年之后,2020年,中国的嫦娥五号成为时隔40多年来,人类首次从月球获取土壤样本的任务,也是继美国和苏联之后第三个成功实施月球取样返回的国家(图4-8)。并且,中国实施嫦娥五号的流程与同为无人月球取样返回的苏联3次"月球"系列探测任务完全不同,其技术流程

图 4-0　厂房中进行测试的中国嫦娥五号月球探测器(据中国国家航天局)

史像当年美国的阿波罗载人登月计划。很显然,借实施嫦娥五号取样返回任务的机会,中国舍简求难,主动选择了更加复杂的取样流程,一方面实现了单次任务中比苏联当年 3 次任务加到一起还要更大的取样量之外,还顺便验证了一次载人登月的飞行流程,检验了诸多关键性技术。

尽管截至目前,中国官方还没有正式的载人登月规划,但相关技术准备工作则一直在进行,如用于执行载人登月的"921 火箭",可以将 20 多吨的载荷送入地月转移轨道,相比之下,嫦娥系列中质量最大的嫦娥五号探测器质量"仅"8.2t 左右;按照目前透露的进度,这款几乎可以认为专为载人登月设计的火箭将在 2026 年前后首飞,在那之后,中国将基本具备实施载人登月的技术手段。

而说到载人火星飞行,其挑战则要比载人登月大得多。首先就需要更加强大的超重型运载火箭,这方面,中国正在研制的"长征九号"火箭未来将有望承担这项重任。根据龙乐豪院士等发表的相关论文信息可知,这款设计中的火箭近地轨道运载能力将达到140t，相比之下，目前中国最强大的火箭长征五号的这一数据是25t，这一数据也将超越美国当年实施阿波罗计划时研制的巨型火箭"土星五号"，也将大大超过SpaceX目前拥有的最强火箭，其"重型猎鹰"的近地轨道运载能力大约是60多吨，和美国宇航局目前正在研制中的"太空发射系统"（SLS）的能力大致相当。

目前，中国已经公布了在完成绕、落、回三步走之后，月球探测的后续计划，其中就包括与俄罗斯等合作，开展月球科研基地建设的事项，这显然也会为未来的火星载人探测计划提供有益经验，因为不同于20世纪冷战时代的那种政治驱动下，载人登月几乎是"登完就走"的感觉，从目前来看，新一轮的载人地外天体登陆更多会有长远规划，包括科研、资源开发等。

公开渠道方面，2020年9月，在福建省福州市召开的中国航天大会上，中国运载火箭技术研究院院长王小军做了主旨报告。他在报告中提到了未来中国载人火星探测的构想。他说："我们设想未来载人火星探测分成3步"：第一步是机器人探测，包括火星采样返回、火星基地选址考察、原位资源利用系统建设；第二步是初期探测，包括载人环火轨道探测、载人火星着陆探测、火星基地建设；第三步是航班化探测，包括大规模地火运输舰队、大规模开发与利用、地火经济圈全面形成。

另外，王小军在参加2021年全球航天探索大会时透露，中国计划在2033年、2035年、2037年、2041年及以后进行载人火星探测。根据相关报道，他透露中国计划在2030年前执行一次火星版的嫦娥五号任务，即通过一次火星往返飞行任务，实现火星地表样本的取样返回，这些样本将有助于我们深入了解火星地表物质的各项化学、物理性质；随后，中国可能在2033年前年后进行首次载人火星飞行任务。

从上述中美两国各自的时间表来看，在重返（或首次登陆）月球方面，两国的时间表相差不大，两国也都选择将月球作为检验相关技术能力的出发站；而在更具象征意义的载人火星飞行任务方面，两国目前都没有明确的立项，但也都在为此进行准备，设想中首次任务的出发时间也非常接近。

考虑到美国航天计划的起步时间和技术基础都要远远领先于我们，中国航天的追赶速度是非常惊人的,也必将为推动整个人类开拓更加遥远的宇宙疆界做出我们的贡献。

4.4　移居火星之梦

载人火星探测的成功将打开移居火星的大门。移居火星必须解决太空探险者们的衣食住行问题。火星的自转周期几乎与地球一样,这意味着人类在火星上生活,生物钟不会受到太大的影响,可以较快地适应火星上的作息时间。人们在市郊旅游时通常会带着干粮和水,并在耗尽前回家。而在大航海时代,尽管货船载满食物,航海者们依然尽量在沿路的岛上补充淡水,并且在到达新大陆后利用新大陆的资源生存。移居火星和载人探测的不同之处在于,载人探测可以备足氧气、水和食物,但移居火星则必须尽量利用火星当地资源自给自足,否则即便小行成本也无法满足持续的消耗。

4.4.1　改造火星大气和获得水源

和距离地球更近的月球相比,火星的自然环境要温和得多。火星表面有大量的水冰和二氧化碳(包括干冰),这意味着火星有种植作物的潜力。目前移民火星所面临的主要问题是火星表面温度和大气压都太低。如果能使火星表面升温,火星地下大量的水冰和两极的干冰就会转变为水蒸气和二氧化碳进入火星大气,产生的温室效应又会使气温进一步升高并释放更多水蒸气和二氧化碳。这将使火星表面的升温自动持续下去甚至加速发展,大气层将更为浓密,液态水将遍布火星表面(图4-9)。改善了火星的地表环境之后,就可以在火星上发展农业和工业,将火星改造为适宜人类生存的新家园。

探秘火星 ▼ 展望篇

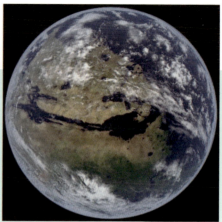

图 4-9　把红色星球化为蓝色星球,我们该怎么做?(据 NASA)

最初的火星移民将和空间站里的宇航员一样使用太空循环水。这种水是由收集来的宇航员的尿液、汗液和站内空气中的水分等经过特制的水循环设备多道程序处理最终制备出的可饮用水。2009 年起,国际空间站宇航员就开始饮用这种太空循环水,使之不必再耗费高昂的费用从地球运水到太空基地。但对于火星移民们来说,使用太空循环水显然不是长久之计。在火星上进行农业、工业生产都需要大量的水,依赖从地球运来的水是近乎不可能的,火星移民们必须在火星上找到足够的水源来维持生存和可持续建设。

陨石撞击作用可以使火星次表层的水冰暴露到地表,但由于火星大气稀薄,水冰暴露到地表后会逐渐升华。火星探测曾经发现,一些新形成的撞击坑底部会暴露大量水冰。目前的探测结果证明,火星地下有较厚的大面积冰层存在,尤其是在火星的中高纬度和两极地区。据估计,火星上以这种形式存在的冰共有 1.5 万～6 万 km^3,融化后可以把整个火星表面铺上一层厚度为 10～40 cm 的水。

未来人类可以通过提高火星大气的温度使水冰融化。升温的同时干冰也会逐步升华，提高火星表面的大气压，使水和水冰不易蒸发和升华，逐渐汇聚形成河流与湖泊。人类也可以制造一些大的蓄水池把水聚集起来，经过处理后变成工业用水、农业用水乃至生活用水。

4.4.2 就地取材盖房子

由于从地球上运送物资价格昂贵，因此建设火星基地只能在火星就地取材了。可是火星上没有木材，也没有石油，甚至由于没有生物的富集，碳元素本身也变得分散而稀缺，塑料、化纤、沥青都将无法就地生产。另一方面，由于火星表面的石英和碳酸盐也远没有地球丰富，造水泥也会变得困难。由于火星在地质历史上有液态水的时间并不长，而且岩浆活动和构造运动也远不及地球活跃，因此火星上的许多元素很难像在地球上一样富集成矿，采矿炼钢等工业基础性生产也将非常困难。然而，这并不是说火星移民就不能就地取材在火星大兴土木了，现在十分热门的 3D 打印技术将给火星移民带来福音。

3D 打印是快速成型技术的一种，它是一种以数字模型文件为基础，运用粉末状金属或塑料等可黏合材料，通过逐层打印的方式来构造物体的技术，被广泛用于工业设计、土木工程等领域。科学家们设想它是否也能在火星上进行类似的工作，建立起一个火星基地。未来人们可以用 3D 打印技术将火星上最为常见的砂砾、尘土作为原材料，将建筑物或其零部件打印出来(图 4-10)。

包括 3D 打印在内的许多制造火星建筑材料的技术都或多或少需要加入一定比例的添加剂或者高温煅烧。2017 年，美国加州大学圣地亚哥分校结构工程系的研究者成功采用不加入添加剂的直接加压法将美国约翰逊空间中心研制的火星土壤模拟物 JSC Mars-1a 压制成结实的砖块，其胶结物是 JSC Mars-1a 自身所含的纳米氧化铁颗粒。这为火星原位采样利用提供了新思路。

火星土壤(简称火壤)是指火星表面松散的、未固结的细粒风化物质。根据现有的火星表面探测数据，我们了解到火星表面的土壤主要由辉石、斜长石、橄榄石和少量的铁与钛的氧化物(如磁铁矿、赤铁矿、钛铁矿)以及蚀变矿物(硫酸盐、层状硅

图 4-10　在未来,火星上将遍布通过 3D 打印建造的各种建筑
(据 https://spaceflightuk.com/2015/10/05/ice-house-wins-nasas-mars-3d-printed-hab-challenge/)

酸盐、碳酸盐)组成,而其中含有的大量纳米级氧化铁颗粒能起到很好的黏合剂的作用。正如前文提到的火星土壤模拟物 JSC Mars-1a,科学家可以利用模拟火星土壤在地球上预先测试各种火星土壤加工技术,寻求最合适的火星土壤加工方法。随着科学的进步,今后将会有越来越多的技术被用于火星建筑材料的研制,这既可以为我们以后移民火星提供技术支撑,也对人类在地球上实施绿色施工有着很大的启示作用。

4.4.3　火星农业

火星农业可与火星大气环境的改造同步进行。当火星表面局部地区的环境达到类似地球上海拔 5 000m 高山上的大气环境时,人类就可以试着在火星上种植一些地衣和苔藓。它们并不被用作食物，而是人类进一步改善火星环境的帮手。苔藓和地衣将逐渐钻入岩石内部，释放酸性物质使岩石分解，使岩屑掉落在地面上变成新的土壤。它们能忍耐强辐射和低温的环境，而且只需要极少的水分，但是更重要的是它们会进行光合作用制造有机物并释放氧气。这将反过来促进火星的大气环境改造，为接下来的阶段打好基础。

随着气温和气压的进一步升高，人类可以开始种植草本植物。随着这些苔藓、草本植物的生长和死亡，土壤将变得更加肥沃，土地也将更加湿润。接下来人类便可以种植灌木甚至耐寒的针叶乔木，比如松树。据科学家研究，5℃是地球上最坚韧的松树平均所能承受的最低温度。当火星上局部地区能长时间保持5℃以上时，就可以试着在火星上种植耐寒的松树。火星上有四季变化，但火星上的每个季节将比地球上长两倍，因此松树这样的常青植物更适合在火星生长。而且松树是借助风力传粉的，不需要专门选育、输送传粉昆虫上火星。

种植植物不仅能改善火星大气环境，还能满足人类对食物的需求（图4-11）。但考虑到效率，食用合成食物更加便捷。2021年，中国科学院天津工业生物技术研究所在人工合成淀粉方面取得重要进展，不依赖植物光合作用，以二氧化碳、电解产生的氢气为原料，成功生产出淀粉（图4-12）。随着合成淀粉技术从实验室走向工业化，或许未来人类在火星可以直接用二氧化碳、水和电能合成淀粉供宇航员或火星养殖业使用。

有淀粉作为饲料，畜牧业就很容易发展了。不同动物增重1kg所消耗的饲料质量是不同的。有数据显示，每增重1kg，白羽鸡要消耗0.9kg饲料，黄羽鸡要消耗1.25kg饲料，猪要消耗1.35kg饲料，而牛则要消耗3.75kg饲料。因此我们应当优先喂饲料转化率高的动物，如鸡、猪等，以充分利用有限的淀粉资源。到那时候，人类就能在火星上放开肚皮吃新鲜肉啦！

畜牧业并不是人类在火星取得肉食的唯一途径，人造肉的研究使人类有了新的肉食来源。人造肉是利用动物干细胞制造的。2011年，科学家用糖、氨基酸、油脂、矿物质和多种营养物质"喂养"干细胞，让它不断"长大"，变成许多"肉条"，每条

图 4-11 宇航员在火星上种土豆(据电影《火星救援》)

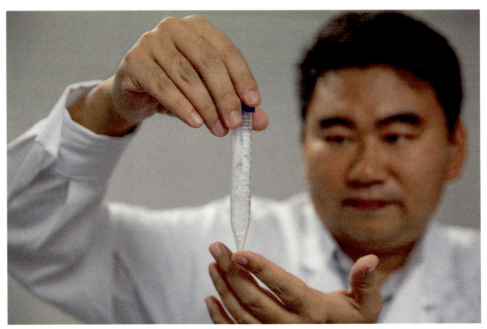

图 4-12 中国科学院天津工业生物技术研究所人工合成淀粉样品(据新华社)

长约 2.5cm,宽不到 1cm,薄得近乎透明。把大约 3 000 条这样的肉条堆在一起,就可以做成一个人造肉饼。等人类正式定居火星时,人造肉技术将更加成熟,生产效率将进一步提高,不仅营养丰富,而且口感良好(图 4-13),还能解决动物保护问题。同时,人造肉技术还能为火星移民者节约土地、水资源和粮食。

图 4-13　人造肉做的汉堡,口感和真肉无异

(据 https://www.sciencemag.org/news/2020/04/lab-grown-meat-starting-feel-real-deal)

4.4.4　移居火星依赖大量新技术

通过以上讨论,我们了解到改造火星和移民火星虽然在理论上有可行性但实际操作起来依旧困难重重。火星与地球环境的差距我们可以尽量改造,但是由于火星地壳中各元素的丰度(各种元素在地壳中的平均百分含量)、富集程度、富集规律与地球有不少差别,这样人类开采利用火星上的一些重要却相对稀少的元素(比如用于制造化肥的氮元素)用于生产生活将十分困难。化合物的缺乏人类或许还可以设法合成,但如果缺少某些重要元素,以人类现在的科技是完全无能为力了,正所

谓"巧妇难为无米之炊"。另外,原材料的差异还会导致人类制造业的颠覆,比如火星上没有焦炭,要想炼钢只能完全颠覆现在的工艺使用其他在火星上容易得到的物质作还原剂。

此外,火星表面的重力加速度仅为地球表面的 2/5,而实验证明当人类长期处于低重力环境下将导致严重的骨质疏松(图 4-14),脊椎将会延展,人体各部分肌肉也会出现不同程度的退化。目前宇航员在太空中最长的单次停留时间也只有一年左右。而如果火星移民一辈子甚至几代人待在火星表面这样的低重力环境下,不仅会出现各种健康问题、生活质量下降、寿命缩短,甚至可能会无法正常繁衍。在低重力条件下出生、成长的火星移民,也许会长成我们现在无法接受甚至无法想象的样子。以人类现在的科学技术,想持续改变火星移民生活范围内的重力或者改变整个火星的重力几乎无法做到。因此,火星移民目前还只停留在探索阶段。

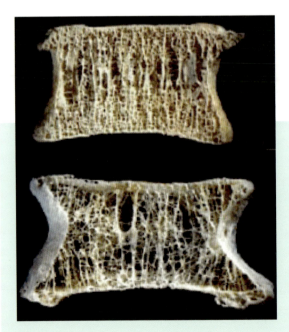

图 4-14 骨密度对比图(据 NASA)
(上面一块来自地球环境,而下面那块则显示的是长期生活在微重力环境中的骨骼剖面)

既然移民火星这么困难，为什么我们还要不断花费大量人力物力去尝试呢？往远了说，地球上的资源迟早会枯竭，小行星也随时有可能撞击地球（尽管概率极低）导致人类灭绝，爱因斯坦、霍金等大科学家都认为人类文明在1 000年内甚至更短的时间内就会毁灭，移居到其他行星是人类唯一的自救手段。正如一位科学家所说："地球是人类的摇篮，但人类不可能永远生活在摇篮里。"往近了说，在探索火星与研发移民火星的技术基础的过程中，我们能大幅促进整个人类科技领域的各项技术发展。比如前文提到的3D打印技术和到火星后必须进行的防沙治沙工程，这些对地球上的人类本身也具有重大意义。事实上，火星移民在火星上建设定居点，是要在完全"一穷二白"的情况下，在前所未有的恶劣环境中自己创造大气、湖泊，并用贫瘠的资源创造出人类所需的一切物资，其复杂程度堪比从原始人类进化到现代文明。毫不夸张地说，这将是人类科技史上最接近"开天辟地"的大工程。因此，即便人类或许永远无法移民火星，但是人类在移民火星的探索中积累的科学知识将引领人类进行一次又一次的科技革命，将促使各种新材料、新技术问世，这将为人类更好地在地球上可持续发展提供有力的保障。

比如在采矿业与冶金业，现在人类主要开采利用磁铁矿、赤铁矿炼铁，无法使用玄武岩里的铁进行冶炼（因为含铁量太低）。但是火星表面主要是玄武岩，且火星上的地质条件非常不利于形成大规模的沉积型铁矿与夕卡岩型铁矿床，只有少量的球状赤铁矿，那么火星移民如果需要钢铁恐怕就只能开采利用火星上广泛分布的玄武岩来炼铁。当然这只是一个思路，人类还是会优先用资源回收解决铁矿不足的问题，但是其他矿产呢？人类制造芯片、半导体所要使用的硅通常提取自富含二氧化硅的石英砂岩，但是火星上的岩石二氧化硅含量普遍很低。那么人类如果要移民火星，要么在材料学上取得技术进步，用其他元素制造半导体；要么提高选矿技术，从火星上的玄武质或安山质岩石里提取硅，这又将是一项技术革命。事实上，由于构造稳定、岩浆活动少、分异程度低又缺乏水与生命体的参与，火星上成矿作用的种类和强度都远低于地球，许多矿产资源的开发利用都比地球上困难得多。如果我们能在研究火星移民技术的时候解决在低品位矿石中提取各种元素、化合物的难题,那么人类将更有信心面对地球资源枯竭的未来。

当然,为火星移民开发的物质回收再循环技术同样能在地球上大有作为。地球上的资源日渐枯竭,金属、塑料的回收再利用工程亟待持续进步,而科学家为火星基地上的人类设计的各种物质循环再利用技术将对人类减少资源消耗起到极大的促进作用。另外,前文提到的用于在火星上盖房子的 3D 打印技术也完全可以应用于地球上的土木建设。

人们说,石油是工业的血液,煤是工业的粮食。可是石油和煤都是不可再生资源,科学家估计,目前石油可供人类开采的时间只有约一百年,煤可供人类开采的时间只有两三百年。而火星上由于没有生命(即便有,规模也会很小)的存在,所以是没有化石能源的(近年来在火星大气中探测到了低剂量的甲烷,他们是否在地下有大的储库,现在还不得而知)。因此在研究火星移民技术的过程中,人类将大力推进新能源的研究,特别是光伏发电和可控核聚变技术。火星上没有石油,化纤和塑料也将无法制造,人类不得不在新材料上取得新的进步。这些技术进步对于未来地球煤矿、石油资源枯竭后人类的发展是具有重大意义的。

在环境科学上,火星的环境改造问题前文已经提到了很多。火星上的环境比地球上环境最恶劣的地方,如南极、撒哈拉大沙漠、珠穆朗玛峰顶,还要更加恶劣。我们对火星环境改造的探索,如通过控制温室效应调节全球气温、人造臭氧层、防沙治沙的研究,都将对地球上的环境保护与改良工作产生极大的促进。可以毫不夸张地说,能将火星由红色星球改造成绿色星球的未来技术,只要有百分之一用在地球上,就能将撒哈拉沙漠变成亚马孙热带雨林了。

除了工程学,在自然科学领域,火星乃至其他行星的探测对人类认识客观世界的影响也是巨大的。以地球科学为例,传统地球科学的研究对象是地球本身,但现在科学家们把地球科学与行星科学相结合,尝试通过对太阳系其他行星的探索,反过来更深刻、更全面地理解地球。

移民火星可能是不少人的终极梦想,人类对未知世界探索的渴望,是最大的原动力。尽管从技术上而言很难,尤其是初期的投入成本会很高,我们相信世界上会有越来越多的国家和企业将技术和资金用于这一人类共同的伟大事业。我们也坚信,火星探索中产生的新技术,也必将造福于地球,造福于全人类。

附 录　火星探测大事年表

序号	任务名称	国家	发射日期	任务类型	结果	备注
1	1M No.1	苏联	1960-10-10	飞掠	失败	又称"火星探测器1号"、"火星1960A",或"飞船4号";火箭故障,未能抵达地球轨道
2	1M No.2	苏联	1960-10-14	飞掠	失败	又称"火星探测器2号"、"火星1960B",或"飞船5号";火箭故障,未能抵达地球轨道
3	2MV-4 No.1	苏联	1962-10-24	飞掠	失败	又称"卫星22号";抵达低地球轨道,Blok L上面级爆炸解体
4	2MV-4 No.2	苏联	1962-11-1	飞掠	失败	又称"火星1号",在距离地球1.067 6亿km处通信中断,可能与飞船天线指向系统故障有关
5	2MV-3 No.1	苏联	1962-11-4	着陆器	失败	又称"卫星24号";由于火箭故障,未能离开近地轨道
6	水手3号 Mariner 3	美国	1964-11-5	飞掠	失败	发射失败,火箭整流罩未能分离
7	水手4号 Mariner 4	美国	1964-11-28	飞掠	成功	人类首次飞掠火星,人类首次成功的火星任务;发回21张图像
8	探测器2号(Zond 2)	苏联	1964-11-30	飞掠	失败	编号3MV-4A No.2,在抵达火星前通信中断
9	水手6号 Mariner 6	美国	1969-02-25	飞掠	成功	传回49张远距离图像和26张近距离图像
10	2M No.521	苏联	1969-03-27	轨道器	失败	又称"火星1969A",发射失败,未能抵达近地轨道
11	水手7号 Mariner 7	美国	1969-03-27	飞掠	成功	传回93张远距离图像和33张近距离图像
12	2M No.522	苏联	1969-04-02	轨道器	失败	又称"火星1969B",发射失败,未能抵达近地轨道

续表

序号	任务名称	国家	发射日期	任务类型	结果	备注
13	水手8号 Mariner 8	美国	1971-05-09	轨道器	失败	发射失败,未能抵达近地轨道
14	宇宙-419号 Kosmos 419	苏联	1971-05-10	轨道器	失败	编号3MS No.170,上面级故障,未能脱离低地球轨道
15	火星2号 Mars 2	苏联	1971-05-19	轨道器/着陆器/巡视车	部分成功	编号4M No.171,与火星3号为姊妹飞船;苏联首次成功的火星探测;其释放的着陆器为人类首个落到火星表面的人造物体
16	火星3号 Mars 3	苏联	1971-05-28	轨道器/着陆器/巡视车	部分成功	编号4M No.172,与火星2号为姊妹飞船;人类首次成功实现火星软着陆
17	水手9号 Mariner 9	美国	1971-05-30	轨道器	成功	人类首个火星轨道器(按照入轨时间)
18	火星4号 Mars 4	苏联	1973-07-21	轨道器	失败	编号3MS No.52S,减速发动机故障,未能成功切入火星轨道
19	火星5号 Mars 5	苏联	1973-07-25	轨道器	部分成功	编号3MS No.53S,入轨正常但很快失效,传回180张图像
20	火星6号 Mars 6	苏联	1973-08-05	飞掠/着陆器	部分成功	编号3MP No.50P,着陆器在降落时失联,未能采集到数据;飞掠器采集到数据
21	火星7号 Mars 7	苏联	1973-08-09	飞掠/着陆器	失败	编号3MP No.51P,减速发动机故障,未能进入火星大气层
22	海盗1号 Viking 1	美国	1975-08-20	轨道器/着陆器	成功	轨道器:运行1 385圈;着陆器成为人类首个完全成功的火星着陆器,发回首张"清晰"的火星地表图像
23	海盗2号 Viking 2	美国	1975-09-09	轨道器/着陆器	成功	轨道器:运行706圈;着陆器成为人类第2个完全成功的火星着陆器,第3个实现火星软着陆的探测器
24	福布斯1号 Phobos 1	苏联	1988-07-07	火星轨道器/火卫一着陆器	失败	编号1F No.101,在抵达火星前通信中断
25	福布斯2号 Phobos 2	苏联	1988-07-12	火星轨道器/火卫一着陆器	部分成功	编号1F No.102,成功入轨;拍摄到火卫一37张图像,分辨率达到40m;但随后通信中断,任务结束

续表

序号	任务名称	国家	发射日期	任务类型	结果	备注
26	火星观察者 Mars Observer	美国	1992-09-25	轨道器	失败	在抵达火星之前失去联系
27	火星全球勘测者 Mars Global Surveyor（MGS）	美国	1996-11-07	轨道器	成功	运行至 2006-11-02
28	火星 96 Mars 96	俄罗斯	1996-11-16	轨道器/着陆器/穿透器	失败	编号 M1 No.520，也称火星 8 号，未能离开地球轨道
29	火星探路者 Mars Pathfinder	美国	1996-12-04	着陆器/巡视车	成功	成功释放第一辆火星车
30	希望号 Nozomi	日本	1998-07-03	轨道器	失败	又称"行星-B"，在抵达火星前燃料耗尽；这是日本首次火星探测
31	火星气候轨道器 Mars Climate Orbiter	美国	1998-12-11	轨道器	失败	因为工程师搞错公制-英制单位，轨道切入时距离太近，坠入火星大气层焚毁
32	火星极地着陆器 Mars Polar Lander/深空 2 号（DeepSpace2）	美国	1999-01-03	着陆器/穿透器	失败	反冲发动机过早关机，着陆失败；携带有两台"深空 2 号"穿透器（"Scott"和"Amundsen"）；成功与 MPL 分离，但未能回传任何数据
33	火星奥德赛号 Mars Odyssey	美国	2001-04-07	轨道器	成功	仍在运行；预计持续到 2025 年
34	火星快车 Mars Express 贝格尔-2 号 Beagle 2	欧洲	2003-06-02	轨道器/着陆器	部分成功	轨道器成功入轨；着陆器失败；仍在运行，预计持续到 2026 年
35	勇气号 Spirit (MER-A)	美国	2003-06-10	巡视车	成功	计划运行 90 个火星日，实际运行 2 208 个火星日（约 2 269 个地球日）；计划行驶 600m，实际行驶 7 730m；2010-03-22 失去联系

续表

序号	任务名称	国家	发射日期	任务类型	结果	备注
36	机遇号 Opportunity (MER-B)	美国	2003-07-08	巡视车	成功	计划运行 90 个火星日,实际运行 5 352 个火星日（约 5 498 个地球日）;计划行驶 600m,实际行驶 45 160m;2018-06-10 失去联系
37	火星勘测轨道器 Mars Reconnaissance Orbiter(MRO)	美国	2005-08-12	轨道器	成功	仍在运行
38	凤凰号 Phoenix	美国	2007-08-04	着陆器	成功	继承 1999 年失败的火星极地着陆者任务;2008-11-02 结束任务;人类首个取得成功的火星极地着陆任务
39	福布斯-土壤 Fobos-Grunt/萤火一号	俄罗斯/中国	2011-11-08	轨道器/火卫一取样返回	失败	火箭故障,未能脱离地球轨道;中国首次尝试火星探测
40	好奇号 Curiosity	美国	2011-11-26	漫游车	成功	仍在运行
41	曼加里安号 Mars Orbiter Mission	印度	2013-11-05	轨道器	成功	仍在运行;印度首次火星探测
42	美文号 Mars Atmosphere and Volatile Evolution (Maven)	美国	2013-11-18	轨道器	成功	仍在运行;全称是"火星大气与挥发分演化探测器",这是人类首个专门以火星大气为研究目标的探测器
43	微量气体轨道器 Trace Gas Orbiter(TGO) 斯恰帕拉利着陆器 Schiaparelli	欧洲/俄罗斯	2016-03-14	轨道器/着陆器	部分成功	仍在运行;2016-10-16 释放着陆器,2016-10-19 撞击坠毁

续表

序号	任务名称	国家	发射日期	任务类型	结果	备注
44	洞察号 InSight/火星立方体卫星1号 MarCO(Mars Cube One)	美国	2018-05-05	着陆器/立方体小卫星(Cube-Sats)	成功	仍在运行；两个 MarCO 小卫星（WALL-E 和 EVE）；2018-11-26 飞掠火星（距离 3 500km）；2019-02 最后联系
45	希望号 Al Amal (Hope，英语)	阿联酋	2020-07-19	轨道器	成功	仍在运行；阿拉伯国家的首个火星探测器
46	天问一号/祝融号 Tianwen-1/Zhurong	中国	2020-07-23	轨道器/着陆器/巡视车	成功	仍在运行；中国首次自主实施的火星探测计划
47	毅力号 Perseverance/机智号 Ingenuity	美国	2020-07-30	巡视车/火星直升机	成功	仍在运行；携带世界第一架地外直升机